PUTONG GAODENG YUANXIAO
SHIERWU TUMUGONGCHENG LEI GUIHUA XILIE JIAOCAI

普通高等院校"十二五"土木工程类规划系列教材

实践教学改革教材

土木工程类专业生产实习指导书

TUMUGONGCHENG LEI ZHUANYE SHENGCHAN SHIXI ZHIDAOSHU

袁　翱　编著
李文渊　主审

U0206568

西南交通大学出版社
·成都·

图书在版编目（ＣＩＰ）数据

土木工程类专业生产实习指导书 / 袁翔编著. 一成都：西南交通大学出版社，2013.6（2018.1重印）
普通高等院校"十二五"土木工程类规划系列教材
ISBN 978-7-5643-2362-2

Ⅰ. ①土… Ⅱ. ①袁… Ⅲ. ①土木工程 – 生产实习 – 高等学校 – 教学参考资料 Ⅳ. ①TU-45

中国版本图书馆 CIP 数据核字（2013）第 119267 号

普通高等院校"十二五"土木工程类规划系列教材
土木工程类专业生产实习指导书
袁 翔 编著

*

责任编辑 杨 勇
特邀编辑 曾荣兵
封面设计 何东琳设计工作室
西南交通大学出版社出版发行
（四川省成都市二环路北一段 111 号西南交通大学创新大厦 21 楼
邮政编码：610031 发行部电话：028-87600564）
http://press.swjtu.edu.cn
成都蜀通印务有限责任公司印刷

*

成品尺寸：185 mm × 260 mm   印张：8.75
字数：216 千字
2013 年 6 月第 1 版   2018 年 2 月第 2 次印刷
ISBN 978-7-5643-2362-2
定价：20.00 元

前　言

　　土木工程类专业生产实习一直是高校中非常重要的课程,通过生产实践培养的人才也是我国建设行业急需的。如何培养本专业学生的实践能力已成为教育部门、各高校的主要研究方向。随着国家教育部"卓越工程师计划"的实施,明确了本专业学生实践类课程的重要性和必要性。本指导书也是为了响应号召,重点培养学生的实践操作能力,提高学生的动手能力,加强学生的综合素质的一种尝试,以便更好地实现培养土木工程类专业应用型人才的目标。

　　编者在多年带队高校生产实习的基础上,总结了生产实习中教师和学生容易出现的问题,编写了此指导书,旨在为土木工程类专业实习的规范化、常态化提供参考,抛砖引玉。由于编写时间紧促,书中难免存在疏漏,欢迎广大读者批评指正,以待改版修订。

编　者

2013 年 4 月 6 日

目 录

第1章　生产实习的目的与意义

生产实习是土木工程专业重要的实践性教学环节。通过生产实习，学生初步掌握常见的土木工程材料、土木建筑物的形式与构造、土木工程施工技术与施工组织管理等专业知识，为专业课程的学习打下基础。同时，进一步培养学生热爱专业、热爱劳动、吃苦耐劳、刻苦学习，为我国社会主义建设事业作出应有贡献的良好思想品质。

通过4周的生产劳动，学习主要专业工种——砖瓦工、钢筋工、混凝土工、木工、抹灰工等的施工工艺和操作技术，学生通过理论联系实际，获得本专业的感性认识；同时通过生产劳动的实际体验，培养学生的劳动观念，巩固所学的知识，让学生初步掌握生产组织和管理等方面的知识，提高学生的思想水平和专业劳动的技能与技巧。要求：重点学习1~2个工种，达到初级工的操作水平（条件具备的单位可达到中级工操作水平并获等级证书）。

第2章 生产实习的组织安排

2.1 指导教师人员组成、职责分工与基本要求

1. 指导教师人员组成

队　长：＿＿＿＿＿＿＿

队　员：＿＿＿＿＿＿＿＿＿＿＿＿＿＿＿＿＿＿＿＿＿＿＿＿

2. 指导教师职责分工

（1）队长：负责整个实习队的工作安排，完成实习前的部分准备工作，负责实习队的指导、管理与安全纪律，现场协调，经费管理。

（2）队员：完成实习前的部分准备工作，指导实习、组织管理、安全纪律。

3. 指导教师基本要求

生产实习队的每位老师要严格履行自己的职责，积极配合，团结协作，确保生产实习的安全、有序、文明。

2.2 学生分组

1. 本地生产实习小队（A队）

本生产实习小队分为若干实习小组，每个小组设组长1人（由指导教师担任），副组长1人（由学生担任）。

2. 各地自联生产实习小队（B队）

各地自主联系生产实习直接向带队教师负责。

注：每天晚上10点，A队各小组副组长必须向本组指导老师报告本组回校的情况，B队由各地自联生产实习的学生向老师报告。

第 3 章　生产实习任务书

3.1　生产实习地点及时间

1. 生产实习时间

时间：20×× 年 ×× 月 ×× 日 ~ 20×× 年 ×× 月 ×× 日，共 28 天。

其中：×× 月 ×× 日上午，实习动员，领安全帽、日记本等。

×× 月 ×× 日 ~ ×× 月 ×× 日，实习 26 天。

×× 日 ×× 日 ~ ×× 月 ×× 日，实习总结（2 天）。

2. 生产实习地点

（1）A 队实习地点：本地。

（2）B 队实习地点：全国各地。

3.2　生产实习的内容

1. 施工技术管理办法

施工技术管理主要知识：

（1）设计文件审阅；

（2）施工技术调查；

（3）施工组织设计；

（4）开工报告管理；

（5）设计交底及施工技术交底；

（6）工程测量管理办法；

（7）变更设计管理；

（8）工程试验及计量；

（9）技术资料管理；

（10）施工技术总结；

（11）竣工资料编制办法。

2. 建筑施工技术

（1）砖瓦工；

（2）木工；

（3）混凝土工；

（4）抹灰工；

（5）钢筋工。

3. 道桥施工技术；

（1）路基施工；

（2）半刚性基层施工；

（3）路面施工；

（4）桥梁施工。

4. 岩土施工技术

施工技术管理主要知识：

（1）构造地质；

（2）工程地质；

（3）地基处理；

（4）支护工程。

第 4 章 土木工程类专业生产实习教学大纲

"生产实习"教学大纲

实习名称：生产实习

课程代码：

学　分：4.0

实习周数：4 周

适用专业：土木工程类专业

一、实习目的和基本要求

该实习为土木工程专业（房屋建筑工程方向、岩土工程方向、道路与桥梁工程方向）的重要实践教学环节。实习目的是使学生对土木工程各分部分项工程施工和组织与管理的了解，为"土木工程施工"课程知识的下一步学习作一些必要准备。基本要求是使学生掌握常见工种工程的施工方法和质量要求，以及施工组织与管理的内容和方法，初步具备一定的施工经验，为以后从事土木工程施工打下基础。

二、实习方式

以理论教学与实验教学和组队分组实习与分散自主实习相结合的实习方式来组织该实习。

三、实习内容及时间安排

（一）理论教学

相关专题介绍（施工方法、施工安全、施工质量、混凝土结构整表法等），可灵活安排。

（二）实验教学

A. 房屋建筑工程方向

1. 砌筑工程（0.5 周）

1.1 砌体常见组砌方式、砌体的砌筑工艺

1.2 砌筑用脚手架的类型和搭设方法

1.3 垂直运输机械及安装

1.4 砌筑工程质量要求与检查

2. 模板工程（0.5 周）

2.1 模板的类型与运用

2.2 支撑的类型与安装方法

2.3 柱、梁、板、楼梯、基础等结构构件模板的安装与拆除

2.4 模板工程的质量要求与检查

3. 钢筋工程（0.5 周）

3.1 钢筋的加工、绑扎、安装

3.2 钢筋的焊接与机械连接

3.3 钢筋的配料

3.4 钢筋工程质量要求与检查

4. 混凝土工程（0.5 周）

4.1 混凝土的投料、搅拌与运输

4.2 混凝土的浇筑、振捣与养护

4.3 施工缝、后浇缝（沉降、伸缩）的留设与处理

4.4 吊装机械的类型、安装、拆除及升降

4.5 混凝土工程的质量要求与检查

5. 装饰工程（1 周）

5.1 一般抹灰、装饰抹灰的类型及施工

5.2 贴面工程施工

5.3 涂料的类型与施工

5.4 铝合金、玻璃幕墙安装

5.5 装饰工程的质量要求与检查

6. 施工组织（0.5 周）

6.1 施工方案的确定

6.2 进度计划、劳动力需用量计划、材料需用量计划等的编制

6.3 流动施工的组织

6.4 施工平面的布置

6.5 技术、质量、安全、文明施工措施的拟定

6.6 施工项目目标控制

7. 钢结构工程（0.5 周）

7.1 焊接以及质量控制

7.2 螺栓连接

7.3 设备安装

B. 岩土工程方向

1. 构造地质（0.5 周）

1.1 区域构造地质了解

1.2 不良地质现象的特征

2. 工程地质（0.5 周）

2.1 工程地质在工程中的重要性

3. 地基处理（1.5 周）

3.1 各种地基处理方法的适用范围

3.2 各种地基处理方法的设计原则

3.3 各种地质处理方法的施工

3.4 各种地基处理方法的质量检验

4. 支护工程（1.5 周）

4.1 各种支护方法的适用范围

4.2 各种支护方法的设计原则

第4章 土木工程类专业生产实习教学大纲

4.3 各种支护方法的施工

4.4 各种支护方法的质量检验

C．道路与桥梁工程方向

1．路基施工技术（1周）

1.1 路堤基底处理

1.2 桥涵等构达物处的填筑

1.3 路堑开挖方式

2．半刚性基层施工（0.5周）

3．路面施工（1周）

3.1 沥青类路面的施工与质量控制

3.2 水泥混凝土路面施工技术

4．桥梁施工（1周）

5．土方工程（0.5周）

四、实习考核方式和成绩评定

围绕生产实习涉及的土木工程各分部分项工程施工和组织与管理等诸方面进行考核。学生每天完成实习日志（不少于300字）的撰写，实习结束提交完整的实习日志和实习总结报告（不少于3 000字，图文并茂，体会与收获、不足等）。根据学生实习的综合表现与对所涉及的理论知识的理解和掌握的程度等给予评分。总评成绩按照平时综合表现、实习日志和实习总结报告三方面综合评定。平时综合表现（包括考勤、提问、纪律等）占30%，实习日志占30%，实习总结报告占40%。最终评分按五级评分制确定，即优、良、中、及格、不及格。不参加考核或无实习日记及实习报告者，成绩按不及格计。

大纲撰写人：　　　　　　　　系（教研室）意见：

学院学术委员会意见：（签字）

学院审核：（签字、盖章）

　　年　　　月　　　日

第5章　自联生产实习管理办法

为了适应国家教育体制的改革，结合高校办学和扩招的具体情况，高校土木工程类专业目前在校区面临缺乏生产实习基地的严重问题，故土木工程类专业可以实行学生自行联系实习点进行自联生产实习的实习形式。为了加强自联实习的管理，保证学生的实习取得实效，结合本专业生产实习的实际情况，制定本暂行办法。

1. 实习队的职责

（1）自联实习学生所在实习队应根据本专业的培养教学计划，结合专业发展的具体情况制订供学生自联实习的实习教学大纲和与之配套的实习基本要求、实习指导书及实习考核标准等实习教学文件。

（2）负责对自联实习学生在选择实习工地提出要求与指导。

（3）负责与自联实习学生签订实习安全等有关责任书。

（4）根据自联实习学生的情况，分组或分片区安排落实实习指导教师负责自联实习期间学生的实习动态。必要时，可到自联实习学生的实习工地上检查与指导实习。

（5）负责对自联实习学生进行实习动员，明确实习的目的与意义，提出实习基本要求与管理办法以及开学后应提交的实习成果资料。

2. 实习指导教师的职责

（1）安排承担实习教学的教师，应在实习前，将自联实习教学大纲和基本要求等发给学生。实习完后，学生将联系结果报告指导教师。

（2）在条件允许的情况下，指导教师根据学生联系的结果进行必要的调配编组（每组一般 3~5 人）并指定组长（副组长）。

（3）对于联系有困难的学生，由指导教师负责在本地联系实习单位。

（4）自联实习一般在实习开始前进行联系。

（5）指导教师应有计划地前往自联实习学生较集中的地区进行巡回检查指导、协调有关事宜，保证实习教学质量。

（6）在学生自联实习的过程中，指导教师应自始至终做好实习的宏观指导和检查考核等工作。

（7）负责联系自联实习学生的实习指导教师，要适时向实习队队长汇报实习情况。

3. 对学生的要求

（1）在自联实习中，学生应严格按自联实习大纲、实习计划进度的要求和学校有关实习教学的管理规定，严肃、认真地完成实习任务，要逐日记录实习内容和心得体会，并结合自己的体会按要求写好实习报告。

（2）实习期间应严格遵守实习所在单位的上下班制度、安全制度、工作操作规程、保密制度及其他各项规章制度。

（3）实习期间应尊重工程技术人员、工人的指导，虚心向他们学习，创造机会提高自己的能力，主动协助接收实习的单位做一些力所能及的工作，维护学校声誉。

（4）应提交的资料：

① 生产实习日志；

② 生产实习总结报告；

③ 自主联系生产实习学生综合表现证明；

④ 学生分散自主生产实习安全措施责任书。

4. 成绩考核

（1）考核工作应在学生实习结束回校后立即进行。

（2）严格考核资格审查制度。学生必须完成实习大纲规定的全部任务并提交实习报告、实习日记、实习单位和实习单位指导人员的鉴定或证明，方可参加考核。

（3）根据实习情况成立考核小组，一般不少于 3 人。由实习指导教师、教学院（系、部）负责人、辅导员及专业教研室负责人等组成。

（4）负责联系自联实习学生的实习指导教师应对自联实习学生提交的实习成果资料进行评阅，生产实习成绩按照生产实习综合表现、生产实习日记和生产实习总结三个方面综合评定。具体根据生产实习综合表现：生产实习日记：生产实习总结 = 3：3：4 的比例，按"优、良、中、及格、不及格"五级制给出成绩。

（5）根据专业特点，结合自联实习学生的实习情况考核采用小型答辩、口试或笔试等形式进行，并成立答辩小组。

（6）对于参加答辩的自联实习学生的实习成绩按照生产实习表现：生产实习日记：生产实习总结：综合答辩 = 3：2：3：2 的比例，按"优、良、中、及格、不及格"五级制给出成绩。

（7）自联实习成绩（及评语）记入学生当学期成绩档案。

第6章　生产实习安全文件

6.1　生产实习安全措施

6.1.1　一般知识

（1）学生进入实习现场时，必须戴安全帽。

（2）在上岗操作前，必须检查施工环境是否符合要求、道路是否畅通，机具是否牢固、安全措施是否配套、防护用品是否齐全，经检查符合要求后，才能上岗操作。

（3）操作的台、架经安全检查部门验收合格后才准使用；经验收合格的台、架，未经批准不得随意改动。

（4）大、中、小型机电设备要有持证上岗人员专职操作、管理和维修，非操作人员一律不准启动使用。

（5）同一垂直面遇有上下交叉作业时，必须设置安全隔离层，下方操作大员必须戴安全帽。

（6）高处作业人员的身体要经医生检查合格后才准上岗。

（7）在深基础或夜间施工应设有足够的照明设备，行灯照明必须有防护罩，并不得超过36 V的电压；金属容器内行灯照明不得超过12V的安全电压。

（8）室内外的井、洞、坑、池、楼梯应设置安全护栏或防护盖、罩等设施。

（9）不要将钢筋集中堆放在模板或脚手架的某一部位，以保证安全；特别是悬臂构件，更要检查支撑是否稳固；在脚手架上不要随便放置工具、箍筋或钢筋，避免放置不稳而滑下伤人。

（10）绑扎筒式结构（如烟囱、水塔等），不准踩在钢筋骨架上操作或上下；绑扎骨架时，绑扎架应安设牢固。

（11）操作架上抬钢筋时，两人应同肩，动作协调，落肩要同时、慢放，防止钢筋弹起伤人。

（12）应尽量避免在高空修整、扳弯粗钢筋，必须操作时，要系安全带选好位置，人要站稳，防止脱板而导致摔倒。

（13）不准乘坐龙门架、吊篮、施工电梯上下建筑物。

（14）要注意在建工程的楼梯口、电梯口、预留洞口、通道口以及各种临边无伤护措施，否则不得随意靠近。

（15）在脚手架上操作时，要注意有无挑头架板，并注意防滑。

（16）在阴雨天，要防雷电袭击，尽量不要接近金属设备和电器设备。

（17）施工现场机械、用电设备，未经许可不得随意操作。

（18）施工现场设有警戒标志的地区，不得随意出入。

（19）不得随意跨越正在受力的缆绳。

（20）不得站在正在作业的吊车的工作范围内。

（21）在工地上行走时，应注意上下左右是否存在安全隐患，如地面的"朝天钉"以及棚及与侧面突出的支架、钢筋头等。

6.1.2　安全技术

1. 使用张拉设备时的安全注意事项

（1）千斤顶。

① 使用千斤顶时不允许超过规定的负荷和行程。

② 千斤顶放置位置必须正确、平正。

③ 在测量拉伸长度、加模块和拧紧螺栓时应先停止作业。

④ 只准许操作人员站在两侧操作，免遭钢筋发生断震伤人的危险。

（2）高压油泵。

① 使用高压油泵时，不允许超负荷运转；安全阀必须按设备额定油压或使用油压调整好压力，不准随意调整。

② 机壳必须接地，在线路绝缘情况检查无误后，才可接通电源，进行试运转。

③ 紫铜管或耐油橡胶管必须耐高压，其工作压力不得高于油泵的额定油压或实际工作的最大油压；油管长度宜大于 2.5 m。

④ 若一台油泵同时带动两台千斤顶时，油管规格应保持一致，紫铜管不宜弯曲，焊接接头要严密牢固。

2. 一般要求

（1）预应力钢筋张拉前，应先检查电源线路、张拉设备、制动装置及焊接接头强度，确认安全可靠后才准操作。

（2）在操作过程中，如发生故障，应立即切断电源，进行检修；待检修完成合格后，才准恢复操作。

（3）张拉钢筋要严格按照计算确定的应力值和伸长率进行，不得任意改动。

（4）在张拉时，各种锚、夹具要有足够的长度和夹紧能力，防止钢筋或部件滑出伤人。

（5）在构件拼装过程中张拉钢筋时，不准在梁架纵轴方向两端行走，以免伤人。

（6）在构件拼装张拉结束后、混凝土或砂浆未凝固前，桁架两端应设防护设施。

（7）选择高压油泵的位置时，应考虑如张拉过程中构件突然破坏，操作人员有立即躲避的地方。

（8）电张时，如发生碰火现应立即停电检查，待重新绝缘安全后再恢复通电。

6.2 生产实习安全措施责任书

甲方：××级生产实习队

乙方：

为了进一步加强生产实习安全工作，确保参与建筑工程学院土木工程××级生产实习的学生的身体健康、生命安全和学校的安全稳定以及生产实习的顺利进行，特予本次参与生产实习的学生鉴定此责任书：

（1）学生进入实习现场时，必须戴安全帽。

（2）在上岗操作前，必须检查施工环境是否符合要求、道路是否畅通，机具是否牢固、安全措施是否配套、防护用品是否齐全，经检查符合要求后，才能上岗操作。

（3）操作的台、架经安全检查部门验收合格后才准使用；经验收合格的台、架，未经批准不得随意改动。

（4）大、中、小型机电设备要有持证上岗人员专职操作、管理和维修，非操作人员一律不准启动使用。

（5）同一垂直面遇有上、下交叉作业时，必须设置安全隔离层，下方操作大员必须戴安全帽。

（6）高处作业人员要经医生检查合格后才准上岗。

（7）在深基础或夜间施工应设有足够的照明设备，行灯照明必须有防护罩，并不得超过36 V 的电压；金属容器内行灯照明不得超过 12V 的安全电压。

（8）室内外的井、洞、坑、池、楼梯应设置安全护栏或防护盖、罩等设施。

（9）不要将钢筋集中堆放在模板或脚手架的某一部位，以保证安全；特别是悬臂构件，更要检查支撑是否稳固：在脚手架上不要随便放置工具、箍筋或钢筋，避免放置不稳而滑下伤人。

（10）绑扎筒式结构（如烟囱、水塔等），不准踩在钢筋骨架上操作或上下；绑扎骨架时，绑扎架应安设牢固。

（11）操作架上抬钢筋时，两人应同肩，动作协调，落肩要同时、慢放，防止钢筋弹起伤人。

（12）应尽量避免在高空修整、扳弯粗钢筋，必须操作时，要系安全带选好位置，人要站稳，防止脱板而导致摔倒。

（13）不准乘坐龙门架、吊篮、施工电梯上下建筑物。

（14）要注意在建工程的楼梯口、电梯口、预留洞口、通道口以及各种临边无伤护措施，否则不得随意靠近。

（15）在脚手架上操作时，要注意有无挑头架板，并注意防滑。

（16）在阴雨天，要防雷电袭击，尽量不要接近金属设备和电器设备。

（17）施工现场机械、用电设备，未经许可不得随意操作。

（18）施工现场设有警戒标志的地区，不得随意出入。

（19）不得随意跨越正在受力的缆绳。

（20）不得站在正在作业的吊车的工作范围内。

（21）在工地上行走时，应注意上下左右是否存在安全隐患，如地面的"朝天钉"以及棚及与侧面突出的支架、钢筋头等。

甲方代表： 　　　　　　　（签字）
乙方代表： 　　　　　　　（签字）
（学生家长） 　　　　　　　（签字）

年　　月　　日

6.3　学生生产实习安全合同

生产实习安全合同

为了确保实习能够顺利进行，增强师生的安全意识，明确安全责任，圆满完成实习任务，特签订如下安全协议。

第一条：协议主体

甲方： ××大学

乙方： 土木工程××××级学生 ＿＿＿＿＿＿（学号： 　　　　　）

第二条：甲方权利与义务

（1）甲方负责对乙方进行全面的安全教育和实习期间的安全管理。

（2）甲方有权取消不接受安全教育与管理或拒绝签订安全协议的同学的实习资格。

第三条：乙方权利与义务

（1）乙方应积极接受实习队及施工现场的安全教育与管理，认真领会并严格执行实习队各项安全管理制度（附表）。

（2）严格遵守实习单位施工现场的安全操作规程、安全制度和安全条例。

（3）严格遵守实习队纪律和规定。

第四条：甲、乙方的责任范围

（1）如果甲方违反本合同第二条的1、2款，而引起乙方的人身伤亡事故，由甲方承担全部责任。

（2）如果乙方因违反安全制度、安全条例、操作规程或因其他学生自身原因而引起的人身伤亡事故，由乙方自己承担全部责任。

第五条：协议期限为20××年××月××日至20××年××月××日

第六条：本协议一式两份，甲乙双方各执一份。

甲方签章：××××学院

乙方签字： 　　　　　　　　　　（联系电话： 　　　　　）

年　　月　　日

6.4 "生产实习"管理制度

"生产实习"管理制度

生产实习即将开始，为了确保实习教学的顺利进行，避免任何问题的发生，圆满完成预定任务，实习队经过认真研究，拟订了以下管理制度，作为本次实习管理工作的依据，务必遵照执行。

（1）接受实习队及指导老师的领导，服从实习队的统一安排。严格遵守作息时间，当天实习结束后必须统一返回学校，不得擅自单独行动、在外久留，甚至住宿，实习队不定时查寝。

（2）应注重文明礼貌，乘公车要主动让座，更不得抢占座位，有损实习队和学校声誉以及自身大学生形象的话不说、事不做，不许打架斗殴；遇事冷静克制。

（3）遵守交通规则，注意自身及周围同伴的安全，能够相互提醒。

（4）实习期间，若有身体不适或其他异常情况，同学本人或其他同学应第一时间和指导老师取得联系（记下所有老师的联系电话）。

（5）特别要注意安全，进入在建实习工地时必须戴好安全帽，上下左右前后兼顾，注意"四口"、"五临边"。

（6）遵守实习点所在单位的一切规章制度。在在建工地实习时，要服从现场指挥，注重保护建筑材料、成品、半成品。参观已建工程，要注意爱护公物，避免扰人。

（7）实习期间，必须注意自己的穿带，任何人不得在实习时间任何场所（如工地、教室等）穿拖鞋，女生不得穿高跟鞋、裙子等上在建工地，男生不得赤膊；若有违反，立即改正，否则，指导教师可立即中止其当日实习，记为缺席。师生有相互提醒和监督的义务。

（8）无论参观、座谈、听课，应积极投入，主动参与，避免溜号；参观时，每小组及时收集第一手资料。鼓励多问、多看、多思、多量，多记。

（9）若有严重违规行为，实习队可视情节轻重，立即终止其实习资格，在做好情况调查记录的基础上，报请家长亲自来领人回家，并按照学校规定建议给予相应的处分。

（10）每天写实习日记（指导教师每天检查，签字认可），要求图文并茂；实习结束时，应写一份不低于 5 000 字的总结报告。日记与总结抄袭按缺席处理。

（11）不得无故缺席、迟到或早退，无特殊理由均不得告假。迟到 3 次，计为缺席 1 次，缺席累计 3 次，取消实习资格，没有成绩。

（12）实习考核：实习成绩按平时表现、日记、总结（分别占 30%、30%、40%）三个方面综合评定。

××工程××××级"生产实习"队制

年　　　月　　　日

第 7 章　生产实习知识

7.1　施工技术管理

7.1.1　总　则

1. 施工技术管理目标

施工技术管理是整个工程项目管理的重要组成部分。其主要任务是，贯彻执行国家的各项技术政策和技术法规，科学地组织各项技术工作和技术活动，充分发挥广大科技人员的聪明才智和现有物质条件的作用，建立、完善正常的施工生产秩序，不断革新，采用新技术、新工艺、新设备、新材料，努力推进技术进步，合理、有效地组织施工生产，不断提高工程质量和社会经济效益，促进施工任务按期、安全、优质、高效地完成。

2. 施工技术管理依据

施工技术管理的主要依据：国务院、建设部、原铁道部和东南沿海铁路建设公司颁发的各项技术政策、法规和行业标准，各种现行的《规范》、《规则》、《标准》、《办法》、《施工监理管理办法》、设计施工图以及业主、监理对项目施工的技术要求、总公司和集团公司的有关技术管理规定。

3. 施工技术管理内容

施工技术管理的主要内容有：审查设计文件、施工技术调查、施工组织设计、开工报告、技术交底、测量管理、在施工中提出变更设计报告、试验及计量、技术资料管理、施工技术总结、竣工文件编制及归档等。

4. 施工技术管理体系

（1）项目部全面负责项目工程的施工技术管理工作，并制定总的施工技术管理办法。

（2）管理部负责本项目工程的施工技术管理工作和实施，并要于每年初研究制定、上报、下发本单位的年度施工技术管理工作要点。

（3）工程队根据管理部的技术要求具体组织实施本队的工程技术工作。

5. 施工技术管理组织原则

各级领导必须高度重视技术管理工作，加强技术业务建设，合理使用技术人员，做到人尽其才，并为他们提供学习、工作条件。在决策有关施工技术问题时，必须有同级技术负责人参加。

6. 施工技术管理职责及分工

管理部技术管理工作由总工程师全面负责。工程部组织实施，其职责如下：

（1）组织施工项目的施工技术调查，编制施工项目及重点工程实施性施工组织设计。

（2）审阅施工项目的施工设计文件，组织接桩和复测贯通加密三角网，组织工程放样测量。负责项目的网点、水准点的管理、保护、维修工作，如发现有被破坏或移动的点应立即复测恢复。

（3）按监理管理办法和项目部对变更设计的程序要求，申报变更设计申请，填报各单项工程开工报告，对工程队进行技术交底，研究和处理施工中的技术问题。

（4）组织科研和技术革新活动，努力推广利用新技术、新工艺、新材料、新设备，推进技术进步。

（5）编制职工培训计划并组织实施，组织技术交流工作。

（6）及时编制技术管理和工程质量、安全施工保证措施，以及文明施工管理措施，检查并准确反映技术管理、工程质量、安全施工情况，提出分析意见和解决措施，并督促具体落实。

（7）组织好测量、试验、检测和计量工作。

（8）根据业主、监理、指挥部审核批准的项目总体施工组织设计和月、季、年度计划，制定项目保工期、保质量、保安全和降低造价的具体技术措施，报指挥部审批。

（9）及时上报周、月、季、年度计划和月验工计价，

（10）建立施工样板段，作为本项目部的样板标准。在工地设工地调度室或队部，其驻地应设"五牌二图"。

（11）负责撰写施工总结和本项目单位工程及有关科研课题的技术总结。

（12）负责编制本施工段竣工文件，组织竣工核对，参加竣工验交。

7. 基础业务建设

（1）各级技术人员应坚持内业与现场指导相结合的原则。办公室应布置得当，保持清洁，各种图表（如管区平面图、施工组织设计图、形象进度图、工程质量统计表、天气晴雨表等）要张贴有序，且能够如实地反映现场情况。

（2）健全设计、施工及竣工资料的立卷存档制度，尤其要做好现场施工资料的立卷存档工作。同时，系统汇集施工原始资料，如开工报告、施工调查资料、设计文件、变更设计通知单、技术交底资料、复测资料、工程事故分析处理记录、各种检查证与工程试验报告单、同外单位签订的协议与纪要以及推广应用新技术情况与本工程有关的文件等，要分门别类用档案袋装好，装入文件柜。

（3）认真填好"工程日志"。"工程日志"应分工点建立编号，自工程开工至竣工为止，应随时记录与工程有关的各种情况，包括工程概况、开竣工日期、施工组织、进度情况、隐蔽工程、出现的技术问题和处理情况，以及变更设计、停工复工及上级有关指示等，必要时要附草图。

（4）认真执行编制工程竣工文件的制度，各单项工程竣工后，技术负责人应在一个月内交出完整的竣工资料。

（5）严格执行工作交接手续。技术人员因工作需要有变动时，应严格履行工作交换手续，确保技术管理工作的连续性和完善性。

（6）根据工作需要不定期召开技术人员工作会，由总工程师主持，总结工作情况，交流经验。

7.1.2　设计文件审阅

（1）进行设计文件审阅，对设计提出意见。坚持未经审核设计资料不得交付施工的原则。

（2）施工设计文件的审查实行统一领导，分层实施，两级负责。小型单项工程，由项目部自行组织进行；大型单项工程，实两级审查，由项目部进行初次审查，提出审查意见报指挥部，再由指挥部组织各项目总工共同进行二次审查，核实无误后方能组织施工。

（3）设计文件审阅的主要内容：

① 设计文件、图表是否齐全。

② 线路平纵断面和土石方调配方案以及排水、防护措施。

③ 基础类型及里程、标高，附属及特殊工程设计。

④ 隧道洞门位置、形式、衬砌类型、注浆方式和防排水措施。

⑤ 新技术、新材料、新工艺和施工技术要求。

⑥ 复核工程量清单是否准确。

⑦ 临时辅助设施的设计。

（4）审阅结果的处理：

根据对设计文件的审阅核对情况，要求设计文件中进一步明确、补充的内容和对改善设计的意见，以及现场施工技术调查发现的问题提出书面审阅报告，经项目部审核后，报业主、监理和设计单位审批。

7.1.3　施工技术调查

（1）管理部在总体工程开工之前，为编制指导性和实施性施工组织设计，必须进行现场调查工作。

（2）调查目的：正式图纸下发前调查的目的主要是了解本项目的全面情况，对设计方案、重点工程、施工条件、征地、拆迁的了解，并提出合理的大临工程方案，为编写实施性施工组织设计做准备。

正式图纸下发后施工调查是实地核对设计文件。重点调查各项工程设计，根据现场实际，提出改善设计的建议以及各项附属、辅助工程方案，达到满足编制实施性施工组织设计的需要。

（3）调查内容：侧重核对构筑物中线与水平线、各建筑物的结构式样、基础类型、技术措施、施工方案等进行调查。同时，对施工临时用地，拆迁与农田、水利、交通的干扰及处理，地上地下管线的走向，各项工程的总体布局和互相配合进行调查。另外还应包括：

① 工程概况：全线主要工程数量及分布情况，应采用的主要材料、机械设备的数量等。

② 水文气象资料。

③ 地形、地质、构筑物经过地区的地形、地貌、地质构造、土壤类别、岩层分布，风化情况、不良地质现象和工程地质问题，地下水的水质、水量等。

④ 建筑材料及地方建筑材料，开采和供应方式。

⑤ 地方可利用的电力及电站位置容量。

⑥ 交通、通信情况。

⑦ 水源供应情况。

⑧ 附属辅助设施。工地材料场、仓库的设置位置，大型临时设施的规划意见。

（4）调查结果：现场调查完毕，应分析、整理调查资料，结合工期要求，编制施工组织设计。

7.1.4　施工组织设计

1. 施工组织设计的任务

（1）确定开工前必须完成的各项准备工作。

（2）确定施工方案，做好施工布置，选择施工方法和施工机具。

（3）确定进度计划，合理安排施工程序、施工步骤和各工序工作时间。

（4）合理计算各种物质资源和劳动力资源。

（5）对施工现场的总平面综合考虑，统筹安排，合理布置。

（6）提出切实可行的技术组织措施。

（7）提出切实可行的安全质量保障措施和安全保障措施。

（8）提出切实可行的工期保障措施、文明施工保障措施和环境保护措施。

（9）预计施工中可能发生的情况，事先准备好对策，做到心中有数。

2. 施工组织设计编制依据

（1）标书对建设项目的要求，如施工总工期等。

（2）施工设计文件。

（3）有关的协议书及合同。

（4）劳动定额、物资消耗定额及机械台班定额等施工定额。

（5）现行的技术标准、规范、规则等。

3. 施工组织设计编制原则

（1）施工组织设计应在详细调查研究的基础上，进行经济技术方案比选，选择最佳方案。

（2）编制时，应先重点后一般，全面规划统筹安排，合理分配人力、物力、财力，在首先考虑重点和关键工程的同时，还要安排好一般工程的衔接和配套工程。

（3）结合工期要求和地区情况，配置机械设备，充分发挥和利用现存机械设备的效能。

（4）临时工程与正式工程应尽量做到永、临结合，同时要因地制宜，就地取材，以降低工程开支。

（5）用行之有效的施工方法和先进的施工工艺，积极、稳妥地采用新技术、新结构、新材料和新设备。

4. 施工组织设计内容

（1）总体施工组织设计。

总体施工组织设计是管理部根据投标要求编制的合同内全部工程的施工组织设计，其作用是保证项目在合同要求的工期内安全、优质地完成。总体施工组织设计是编制实施性施工组织设计的依据。

总体施工组织设计的主要内容如下：

① 工程概况。

② 施工平面布置图及说明。

③ 施工现场管理机构及管理框图。

④ 本施工段主要负责人以及拟用的主要管理人员、技术人员及进场计划。

⑤ 本项目拟采用的主要施工技术方案（附图纸及说明）。

⑥ 主要工艺及工艺流程图（附说明）。

⑦ 质量保证体系及控制措施，主要人员职责；质量责任制度及相应奖罚办法。

⑧ 本项目施工进度计划（网络图和横道图），必须注明本网络关键线路以及相应的保证措施。

⑨ 工、料、机的组织和进场计划，主要施工机械设备必须与投标承诺一致且完好。

⑩ 材料使用计划及资金使用计划；维持"三通一平"正常的保证措施。

⑪ 施工安全、文明施工保证措施。

（2）实施性施工组织设计。

实施性施工组织设计是以单项工程为对象，根据总体施工组织要求编制的，是管理部具体组织指导施工的技术经济文件，为编制年施工计划、月施工作业计划和技术交底的依据。实施性施工组织设计必须经指挥部和监理批准后，方可实施。

凡是地质条件困难、技术结构复杂和工程数量较大的重点控制性工程（如八仙仑隧道等），必须编制实施性施工组织设计。

实施性施工组织设计的组成内容如下：

① 说明书。

A. 编制依据。

B. 工程概况。

C. 施工资料调查情况。

D. 施工方法及施工安排（包括施工顺序、施工进度等）。

E. 施工准备工作情况。

F. 施工场地布置及有关问题说明。

G. 主要材料、机具配备数量、劳动力计划。

H. 主要临时工程的设置。

I. 重要辅助生产设施的设置情况。

J. 主要安全设施和安全质量保障措施，质量控制指标、检验频率和方法。

K. 采用新结构、新工艺、新技术的意见和科研安排情况。

L. 施工现场管理组织机构和管理框架图，主要负责人、主要施工管理人员和技术人员名单。

② 图纸。

A. 驻地及施工工地平面布置图（包括管、线、路）。

B. 按分部分项工程安排的施工进度计划图。

C. 施工方案设计图

D. 辅助工程的辅助设施设计图。

E. 非通用的特殊物件大样图。

F. 纵剖面示意图。

③ 有关图表的内容。

施工进度安排（计划）图，是指在规定的总工期范围内，显示总的工程进度及各项重要工程施工顺序和施工进度的重要图表。其具体内容如下：

A. 工程平、纵断面示意图。

B. 主要工程量。

C. 施工区段划分。

D. 工程进度图示。

E. 劳动力动态示意图。

F. 进场主要机具设备表。

施工总平面布置图主要用于表达总体工程分布以及队伍、大临工程和辅助设施的设置情况。应包括下列内容：

A. 工程平面缩图及河流、主要村镇的位置。

B. 主体工程位置、中心里程、长度及缩图，重点取土场的位置。

C. 施工区段划分。

D. 砂、石、渣场等的位置。

E. 大型临时设施的位置。

F. 既有的和计划修建的运输道路的位置。

④ 详细的施工方案，包括施工图、计算书及受力验算的结果、方案说明、施工工艺与流程以及安全注意事项。施工图的验算结果必须经技术主管和总工程师复核签认。

（3）单项工程施工组织设计。

单项工程施工组织设计是为了解决某一单项工程开工而编制的施组，是实施性施工组织设计的一部分。

7.1.5　开工报告管理

（1）实行工程开报告制度，是为了加强工程建设上的管理，严格按计划、按施工组织设计施工，杜绝返工浪费，降低工程成本，加快施工进度。

开工报告分为项目开工及进场情况报告、单项工程开工报告，以上报告均一式四份。签订合同后28天内，管理部首先报项目开工及进场情况报告，报告中应包括总体施工组织设计。

（2）项目开工及进场情况报告应包括：施工机构设置、各主要人员到位情况（含相关资质材料）、质检体系与工地试验室建设情况、主要材料、设备与检测仪器进场情况、进度计划与施工方案准备、驻地建设情况等。

项目开工及进场情况报告以及总体施工组织设计报经项目部审核修改后报监理审批并发布项目开工令。

单项工程开工报告在进场报告批复后上报。管理部应在单项工程开工前 14 天向项目部和监理提交单项工程开工报告，单项工程的划分由管理部与监理协商确定后另行发文。

单项工程开工报告除按监理管理办法要求填报表格外还应包括如下主要内容：

① 本单项工程基本情况。

② 基本工作内容。

③ 详细的施工方案，包括施工图纸、计算书及受力验算结果、方案说明、施工工艺和工艺流程以及注意事项等。施工图和验算结果必须经技术主管和总工程师复核签认。

④ 本项工程的质量控制指标、检验频率和方法。

⑤ 分部、分项工程施工进度计划。

⑥ 主要负责人、其他主要施工管理人员、技术人员、管理机构框图。

⑦ 所需机械、材料的数量、来源及进扬情况或计划。

⑧ 测量施工放样、测量控制方案及相关数据。

⑨ 经驻地监理工程师签认的标准试验、原材料试验记录表。

⑩ 安全质量保证措施和主要安全设施。

（3）单项工程开工报告经项目部审核后，报监理审批，监理审批后发布单项工程开工令。管理部接到单项工程开工令后，必须按监理管理办法的规定及时开工。

停建或停工工程重新开工的，要由管理部重新填报单项工程开工报告。由监理和下达停工命令的单位审批。

（4）管理部应严格执行开工制度，未经批准不得开工。工程竣工后，开工报告装入竣工文件，一并移交。

7.1.6 设计交底及施工技术交底

（1）按照交底的性质和内容，分为设计单位对本单位的设计交底和本单位内部进行的施工技术交底。

（2）设计单位的设计交底：在收到设计文件后，由业主及时组织设计单位和项目部单位进行设计交底。项目部、监理单位和管理部经理、总工程师参加。对设计交底提出的有关问题及处理意见应做详细记录，写成正式文件或会议纪要，作为交底工作和处理有关问题的依据。技术交底记录应妥为保管备查，并作为竣工文件资料列入工程档案。

（3）管理部内部施工技术交底。工程开工前，由项目部总工程师主持，管理部经理、总工程师及技术、安质部门负责人参加。每次交底要做好交底记录，必要时，应印发有关技术资料、图纸。

（4）工点技术交底。为保证施工队正确、顺利地进行施工，管理部、施工队或分管工点的技术人员，在每项工程开工前向队长工班长进行交底。其主要内容包括管内重点工程实施性施工组织安排、施工的大样图与加工草图、点交桩橛等。

（5）对重点工程、关键部位及质量要求高的特殊工程，要以书面形式进行交底。技术交底是一项严肃的工作，直接关系到工程施工是否正确和安全，没有进行技术交底，不准施工。

不论是书面文字或图表形式，均应建立复核制度。

7.1.7 工程测量管理办法

（1）测量所用仪器须经国家质检单位认可授权的单位进行全面检查和标定，并出具检验合格证。仪器达到标准精度后方可进行测设工作，在测设过程中，要经常对仪器进行检查，确保仪器处于良好的作业状态。

（2）依据和规范

国家标准 GB50026—93 工程测量规范、各行业有关规范。设计院提供的水准基点或导线三角点，包括首级 GPS 网坐标成果、精密导线点坐标成果、精密水准点成果以及施工图纸。

（3）管理体系和责任。

① 在管理部的管理和协调下，各施工单位对本管段的工程测量工作进行管理、复核、监督。

② 管理部责任：

A. 确保工程测量工作的内、外业作业符合规范。

B. 应配合设计院做好交接桩工作，及时对提供的测量资料进行复核和联测，并通过监理工程师与设计单位妥善解决复核中出现的问题。

C. 根据业主提供的原始桩和原始数据，进行施工控制网复测和加密测量以及施工定线放样测量。

D. 分项工程开工后，进行各道工序的控制测量和施工放样，并进行必要的检查复核。

E. 密切配合监理工程师对重要工程部位的测量复核。

F. 对各分项工程进行竣工测量，作为各项工程验收的质量依据。

G. 将每月的测量工作计划提报监理审阅，以便于监理工程师跟踪检查。

H. 将竣工测量成果及检查记录提交监理工程师审核，通过后，连同交接桩记录及重要放样记录作为竣工文件移交。

（4）测量工作管理。

① 进行精密导线测量。

A. 控制测量前应根据设计院所提供的导线点及相关规范建立控制网。与其他管区搭接部分的平面控制网必须有一定数量的控制点互相重合。

B. 定期对导线点进行复测，复测精度不应低于施测时的精度。

② 进行地面高程控制测量和导线测量。

对设计院所提供的高程控制测量水准点及导线进行复核。

③ 施工测量。

公路、桥梁、隧道、房屋等施工放样施工测量均应符合《测规》要求和设计要求。

④ 竣工测量。

A. 竣工测量采用的坐标系统、高程系统、图式等应与原施工测量相同。

B. 竣工测量时，对于施工中无变动的项目应采用调查和检测的方法；对于已变更施工设计的项目应按实际位置进行竣工测量。竣工测量的基本方法和精度要求应与施工测量相同。

C. 竣工测量成果超过设计限差时，除应在现场明显标示外，还应上报指挥部。

D. 竣工测量完成后应提交下列成果：

a. 竣工测量成果表；

b. 竣工图；

c. 竣工测量报告。

E. 竣工测量应严格按《规范》实施，确保其准确性、标准性。

（5）测量资料整理归档。

① 测量工作各项记录要求记注明显，没有涂抹，计算成果和图标准确清楚，所有测算资料要签署完善，未经复核和验算的资料不得使用。

② 一切观测值与记事项目必须在现场核对清楚，不得凭回忆补记测量成果。控制测量应至少两人同时记录。

③ 测量记录使用统一表格，测量原始记录、资料应收集管理齐全以备查阅。

④ 各种重要放样记录。交接桩记录及竣工测量资料应随竣工文件统一移交。

⑤ 仪器管理：

A. 各种测量仪器均属计量器具，应按集团公司计量器具统一管理规定执行。

B. 测量仪器、工具的质量和性能应定期时行检定和维修，以保持良好状态。

C. 仪器的使用和维护必须严格按规定执行，严禁违章作业，必须实行"专人专管，谁使用谁负责"，他人未经批准不得随意动用。

D. 运送仪器时，要有妥善的防护措施，不得受阳光曝晒或雨淋，存放时必须有专用房间。

7.1.8　变更设计管理

（1）为满足施工管理需要，应严格变更设计管理。

任何单位或个人不得随意改变工程设计文件。设计单位交出施工图至工程竣工验收交接期间需变更原设计时，按监理管理办法办理。

（2）管理部在施工过程中，由于某些不可预见的因素或客观环境的改变，需要对工程或其任何部分进行修改或设计变更。提出设计变更时，首先填写工程变更意向申报表，报项目审核，由项目部报监理、业主、设计院审批。审批后由设计院签发工程设计变更令或通知。

（3）变更设计应于单项或单位工程开工前提出，避免反复变更。施工中发现设计错误或与实际不符，要主动及时提出，不得盲目按图施工。

（4）管理部对于变更设计图纸和资料必须妥善保存，不得丢失，在工程竣工时作为竣工资料一并移交。

（5）变更设计必须按规定的程序和分工进行，严格遵守"先批准、后变更；先变更，后施工"的纪律。未经批准自行变更和施工的要承担技术责任，并不予验工计价。

7.1.9　工程试验及计量

（1）工程试验是工程建设的重要技术基础工作，为施工中对工程质量进行预控与原材料检验的必要技术手段。管理部必须配齐工程任务需要的试验设计和相关专业人员，保障工程的顺利进行。

试验检验及计量工作必须按照国家或部颁的有关技术标准、规范和规程进行。

（2）工程试验的基本任务：

① 试验鉴定各项主要工程材料的质量是否符合现行国家标准和行业标准的有关规定。

② 检验工程的结构和物件的成品、半成品的质量是否符合设计和施工的技术要求。

③ 做好混凝土的配合比试验和材料检验，做好路基承载力强度检测，保证工程的施工质量。

④ 为设计和施工提供试验资料及技术数据。

（3）试验及计量人员必须按标准开展工作，其检验工作应不受干预，对检测结果的公正性、准确性和可靠性负责。

① 试验人员必须认真填写原始记录，严格资料的管理。

② 严格仪器设备的使用、管理制度，并定期进行送检。

③ 试验资料的整理与保管。

试验资料采用监理指定的统一表格，用碳素钢笔认真填写，检测数据全部采用法定计量单位，不能更改或删除，资料发送应严格履行登记手续；做到字迹清晰，填写齐全，数据准确，签字齐全，结论正确。

④ 试验情况报告。

工地实验室对不合格试件应分析原因，采取处理措施；对造成质量事故的责任人要认真进行查处。

⑤ 因条件所限，试验中心不能进行试验的项目，经监理审批后，可委托经计量认证合格的外单位试验机构进行试验。

7.1.10　技术资料管理

（1）技术资料是设计、施工、监理、科研等各项工作的劳动成果，完整、准确的技术资料是组织施工、编制竣工文件和施工总结的主要依据。

（2）管理部建立技术资料管理责任制，健全各类资料的分类登记并确定责任人。

（3）管理部技术资料管理范围主要包括：在建项目各阶段设计文件、施工图纸、标准设计图纸、有关协议纪要、变更设计、施工检验验收记录、施工总结等各项施工技术资料，以及设计施工规范、规则、手册、科技情报资料、学术活动资料等（含文字、图纸、照片、录音、录像）。

（4）各类技术资料的管理。

竣工文件所需有关资料签证、评定资料等，由管理部负责管理，工程竣工后统一收集、整理、汇总。

① 试验、计量资料：管理部留存一份，交项目部和监理各一份。

② 测量原始资料：控制测量和贯通测量资料由管理部各存档一份。

③ 各类技术文件及其他资料的保管和使用。

A. 各类技术资料均应分专业、分类立卷，并编制检查目录，补充资料要与原设计配套，变更设计要在原图上注明。

　　B. 管理部保存一套完整的施工设计文件资料，各管段施工队分散保管本管段施工设计文件资料的复印件。

　　C. 设计图应分类存放，定期清理，及时补充新图，更换修改图纸和剔除旧图；需保存参考的修改图及旧图应有明显标记，并注明修改、作废的日期和依据。

　　D. 管理部对下发给施工队的任何设计图纸的要由接收单位人员签字。

7.1.11　施工技术总结

　　（1）施工技术总结是基本建设的必要程序之一，是工程历史的记载，是施工技术管理的一项经常性工作。为了及时总结基本建设的经验教训，不断提高施工技术和管理水平，必须认真做好施工技术总结工作。

　　（2）施工技术工程总结。

　　施工技术工程总结，包括重点工程技术总结和专题技术总结。

　　① 重点工程技术总结。

　　特殊桥跨结构桥梁、重点土石方、不良地质工点及其他技术复杂的工程，应编写重点工程总结。重点工程总结应由各单位总工程师组织，参加施工的有关人员编写。

　　② 专题技术总结。

　　施工中采用的新技术、新工艺、新材料、新设备、特殊施工方法、劳力组织、机械化施工及工程质量、施工安全方面的经验等，应编写专题技术总结。专题技术总结应由施工技术负责人或专业人员编写。

　　（3）施工技术总结内容。

　　① 文字叙述部分。

　　A. 建设项目。

　　a. 地理位置和自然条件及沿线社会情况。

　　b. 建设性质、规模和特征。

　　c. 修建的目的、政治意义、经济意义。

　　B. 修建经过。

　　a. 开工与竣工日期；施工方法；施工组织和使用的施工机具，施工组织设计的实施情况；施工中遇到的重大问题及处理情况和结果；变更设计原因、情况和次数；病害处理情况及处理后观测（察）记录和示意图；建筑材料的试验结果和圬工试件抗压情况。

　　b. 施工过程。

　　C. 工程方面的重大问题。

　　a. 施工中重大技术问题的概况，克服重大技术问题所遇到的困难和采取措施。

　　b. 攻克重点及关键工程所遇到的困难和所采取的措施。

　　D. 采用先进技术和先进组织管理办法。

　　E. 分析、评价和经验教训。

　　a. 施工技术方面的优点和经验教训。

　　b. 在优质、高效、低耗方面取得的成果（如工期、质量、节约等）。

c. 分析技术经济指标中的突出部分（如造价、机械化施工等）。

d. 各项措施（技术、组织、管理）成效的分析。

e. 对投资安排、设计规模、设计标准、设计方法、施工组织设计、施工技术、质量控制等问题作必要的分析。

f. 交接验收的评价或交付使用后，使用单位的评价和意见。

② 附图及照片、声像部分。

A. 建设项目地理位置图。

B. 工程平面及纵断面缩图。

C. 关键工程示意图。

D. 其他必要的说明问题的各种示意图。

E. 有关施工全过程的照片和声像资料。

（4）重点工程总结内容。应包括：工程概况、施工条件、主要施工方法、采用新技术情况、施工中的重大技术问题及处理情况、场地布置、附属工程安排、机械设备配套、设计变更、施工组织计划的执行及工期、造价、功效、安全、质量、节约方面的综合分析，以及投资、材料、机械、动力的消耗使用及有关照片、图表、声像资料等。

（5）专题技术总结。由一个项目的某个方面或归纳几个项目的统一内容进行总结，着重说明某项施工技术的特点，工程中应用的方法、经验、效果、测量试验资料，主要技术经济指示，存在的问题和今后改进的意见等；也可写施工管理某一方面的专题经验做法和效果。

（6）审阅呈报。

施工技术工程总结、重点工程总结和专题技术总结：在工程竣工后一个月内编写完成，由管理部总工程师审查签批，报项目部工程部汇总，总工程师审核，经有关部门修改后，作为工程验交的一部分。

（7）编写要求：

① 编写施工技术总结要严肃认真，实事求是，要充分反映工程技术的成功经验，如实写出缺点和错误。

② 统计数字力求准确，并与竣工数量一致。

③ 抓住重点深入分析，用事实和数据说明问题；内容充实，文字简洁，数据准确，图表清楚。

④ 各类总结均应写明编写单位和主要编写人员姓名、编写日期等。

7.1.12　竣工文件编制办法

（1）基建工程的竣工文件是工程的历史档案和技术资料。完整的竣工文件，是工程竣工验收、日常管理、维修保养依据和凭证。没有完整、准确、系统的竣工资料的工程项目，不能交工验收。

（2）编制竣工文件，要坚持科学的态度，以实事求是的负责精神，真实地反映工程施工过程的主要情况，并符合竣工时的现状。所有竣工文件必须做到项目齐全、规格统一、图面整洁、反差良好、字迹清楚、手续齐备，分别按工程项目组成各自独立的案卷。

（3）竣工文件由管理部总工程师负责组织领导，各有关技术部门和人员参与编制工作。竣工资料的积累与文件的形成要随着工程进度同步进行，以便在工程竣工时能及时编出完整、准确的竣工文件。

（4）竣工文件的编制顺序及内容：

① 封面；

② 目录；

③ 开工报告；

④ 施工小结；

⑤ 单位工程质量检验评定表；

⑥ 工程竣工数量表；

⑦ 工程检查证及附件；

⑧ 施工记录及附件；

⑨ 竣工图；

⑩ 封底。

（6）根据专业分类不同，其竣工文件的具体内容要求也不尽相同。因此，在编制不同专业的竣工文件时，要根据工程的具体情况分别认真进行。

（7）竣工文件的质量及要求。

A. 竣工文件质量要求：

a. 各项目的竣工图按设计范围收集齐全，各种文字材料及竣工资料基交表、检查证、出厂合格证、试验报告、施工协议、观察记录等，按本办法规定均不可缺少。

b. 文件图纸内容准确、真实，如实反映工程竣工后的面貌。

c. 工程项目各专业的竣工文件以配套齐全。

d. 案卷质量符合要求，各种文件装订结实、整齐，目录、编号清楚。

B. 竣工图纸要求：

a. 项目按图施工没有变动或只有一般性变更时，原设计图纸应按规定重新晒制更改为竣工图，设计说明改为竣工说明，并有施工负责人、技术负责人、审核人签字。

b. 凡结构形式改变时，应重新绘制改变后的竣工图。新图的图形、符号、图例、图幅等应完全参照原设计图。

C. 文整要求：

施工资料应以 A4 纸规格装订成册，图纸依具体情况分装订成册和散装两种，装订厚度以 20 mm 为宜（不得超过 25 mm）。

（8）竣工文件的移交归档。

① 除自留竣工文件外，其余竣工文件由指挥部统一验收上交建设和接管单位。

② 验收中发现问题，要即时修改补制。

7.2　建筑施工技术

7.2.1　砖瓦工

1. 砖瓦工实习内容

（1）水平尺、托线板以及线锤吊线、拉通线。

（2）各种基础大放脚，抹线平层。

（3）轴线、边线及皮数杆的标志，砌 6m 以下清水墙角墙垛、门窗垛及预留洞、槽。

（4）清水墙、砌块墙、混水平旋、拱旋、钢筋砖过梁及安放小型构件。

（5）规定摆放木砖、配合立体门窗框。

（6）毛石墙（不包括角）及勾抹墙缝。

2. 砖瓦工的技术要求

（1）工具。

大铲、瓦刀、创铸、摊灰尺、铺发器、线锤、托线板（也称靠尺板、吊担尺）、准线皮数杆、铁水平尺。

（2）操作方法。

砖石砌体除了要按照正确的方式组砌外，还必须掌握正确的砌砖操作方法，利用砂浆把各个单块砖黏合成一个整体。我国广大建筑工人在长期的操作实践中，积累了很多砌筑经验和各种不同的操作方法，常见的有刮浆砌砖法、坐浆砌砖法（摊尺砌砖法）、铺灰挤砌法、"三一"砌砖法。

这几种方法各有其优缺点，在施工中，应根据不同砌体的特点和要求，适当地选择砌筑操作方法。根据使用工具，选学 1~2 种方法，但无论选用哪种方法都必须掌握如下操作要领和注意事项：

① 砌在墙上的砖必须放平，往墙上按砖时，砖要均匀水平地按下，不能一边高一边低，造成砖面倾斜。如果养成这种不好的习惯，砌出的墙会向外倾斜（俗称入外张或冲）或向内倾斜（俗称向里背或眠）；也有的墙虽然垂直，但因每皮砖出现一点马磅楞，形成鱼磷墙，使墙面不美观，而且影响砌体强度。

② 砌筑中还要学会选砖，尤其是砌清水墙面，砖面的选择很重要：选得好，砌出墙来就好看；选不好，砌出的墙就粗糙难看。砌清水墙应选取用规格一致、颜色相同的砖，把表面方整、光滑、不弯曲和不缺校掉角的砖放在外面，砌出的墙才能颜色、发缝一致。选砖时，把一块砖拿在手中，用手掌托起，将砖在手掌上旋转（俗称滑砖）、上下翻转达，在转动中察看哪一面完整无损。有经验的人，在取砖时，挑选第一块砖，就选出了第二块砖，做到"拿一，备二，眼观三"，动作轻巧自如，得心应手，能砌出整齐美观的墙面。因此，必须练好选砖的基本功。

③ 砌砖必须跟着准线走，俗话叫"上跟线，下跟楞，左右相跟要对平"。就是说，砌砖时砖的上楞边要与线约离 1 mm，下楞边要与下层已砌好的砖楞平，左右前后位置要准，当砌完每皮砖时，看墙面是否平直，有无高出低注、拱出或凹进准线的现象，有了偏差应及时

纠正。同时，不但要跟线，还要做到用眼"穿墙"。即从上面第一块砖信下穿看，穿到底，每层砖都要在同一平面上，如果有出入，应及时修理。

④ 在砌筑过程中，要随时进行自检。一般砌三层砖用线锤吊大直角直不直，五层用靠尺靠一靠墙面是否垂直平整，俗话叫"三层一吊，五层一靠"。当墙砌起一步架时，要用托线板全面检查一下垂直度及平整度，特别注意墙大角要垂直、平整，发现有偏差应及时纠正。

⑤ 砌好的墙不能碰，不能撬，如果墙砌出鼓肚，用砖往里砸使其平整，或者当墙面砌出洼凹，往外撬砖，都不是好的习惯。因为已砌好的砖，砂浆与砖黏结，甚至砂浆已凝固，经砸和撬以后，砖面活动，黏结力破坏，墙就不牢固。如发现墙有大的偏差，应拆掉重砌，以保证质量。

⑥ 保持墙面清洁，文明操作，混水墙要当清水墙砌，每砌至十层砖高（白灰砂浆可砌完一步架），墙面必须用刮缝工具划好缝，划完后用管帚扫净墙面。铺灰挤浆注意墙面清洁，不要污损墙面，砍砖头不要往下砍扔，落地的要收起，做到工完料净场清、墙面清洁美观。

综上所述，砌砖操作要点概括起来为："横平竖直，注意选砖，灰缝均匀，砂浆饱满，上下错缝，咬搓严密，上跟线，下跟楞，不游丁，不走缝。"总之，砌墙除要懂得基本操作方法和要领外，还必须在实践中注意练好基本功，好中求快，不断达到熟练、优质、高速的程度。

（3）技术要求。

① 掌握常用砌筑材料种类、性能及使用方法，了解和掌握常用工具、设备的性能及使用、维护方法。

② 了解砌砖的基本操作，了解质量标准及检验方法；掌握砖墙的组砌形式、一般砖墙试摆砖和砖基础大放脚摆底。

③ 了解砖基础的基本构造形式及砌筑时的注意事项；掌握条形基础与独立基础的砌筑方法。

④ 掌握墙体砌筑法则，砌筑一定高度的清水墙；掌握加浆勾缝，常见墙体留搓、接搓方法，掌握皮数杆、准线和托线板的使用方法；掌握墙体砌筑的质量标准及检查方法。

⑤ 了解附墙砖柱、独立砖柱的规格和作用；掌握各种砖柱的砌筑技能。

⑥ 初步掌握立门窗框的方法；掌握施工程序，做好各施工项目的搭接，做到安全操作、节约材料，文明施工。

⑦ 通过砌体工程施工操作，掌握施工程序，做好各施工项目的搭接，做到安全操作、节约材料、文明施工。

把在校所学的基本理论知识通过生产实习，更进一步得到全面理解，牢固掌握砌体工程的基本技能，培养解决施工问题和指导施工的实用型能力。

（4）一般安全要求：

① 在操作之前，必须检查操作环境是否合乎安全要求：道路是否畅通，机具是否牢固，安全设施及防护用品是否齐全，经检查符合要求后，方可施工。

② 进行高空作业前，必须经过身体检查，对患有高血压、心脏病、癫痫病的人，不得从事高空作业。

③ 在建筑安装过程中，如上下两层同时进行工作，上下两层必须设有专用的防护棚或者其他隔离设施，否则不允许施工人员在同一垂直线的下方进行同时作业。

④ 遇有六级以上强风的时候，禁止高空作业。

⑤ 冬季施工中，施工现场和职工休息处所的一切取暖保温设施，都应符合安全防火和安全卫生的要求。

⑥ 非机电设备操作人员，不准开动机械，不准拆接机电设备。

⑦ 施工现场或楼层上的坑洞等处应设置护身围栏或防护盖板，这些防护设施不得任意挪动。楼梯间在未安装栏板前要绑护身栏，夜间应设红灯示警。

⑧ 操作人员操作时思想要集中，不准嬉笑打闹。

⑨ 凡工作人员及操作人员，工作时间严禁饮酒，严禁带病作业。

⑩ 在自然光线不足的工作地点，或者在夜间施工，应有足够的照明。

（5）砌石（砖）基础的安全要求：

① 在砌筑基础或检查井（马葫芦）、化粪池时，应先检查槽壁稳固性，如发现上壁裂纹、水浸、化冻有坍塌片等情况时，应事先采取槽壁加固或清除有坍塌危险的土方；如槽边有可能坠落的危险物，要进行清理后才可以操作。

② 在深基槽砌筑时，上下地槽必须设坡道或用梯子，不得任意攀跳槽壁，更不得登踩砌体或加固土壁的支撑上下，以及人拉人或利用铁锹和在窄小脚手板上上下。

③ 搭设在跨越沟槽上的跳板过桥、通行道路，以及地槽内搭设的脚手板必须稳固、安全可靠，过桥宽度应不小于 1.5 mm。

④ 槽坑（边）堆放的毛石、灰槽子等，应离槽（坑）边 1 mm 以外，1 mm 内不得堆放。不能堵塞道路，堆料不得过多，以防压坍塌坑壁。

⑤ 槽内砌石人员应戴帆布手套，戴好安全帽，加工毛石时，必须事先检查锤头实得是否可靠，应戴好眼镜，不得两人对面偏打，以防石块飞出伤人。

⑥ 往地槽里投放石料及砖时，应上下呼应，下边砌石人员应躲开，并应利用溜放槽或其他安全方法，并放在指定地点，严禁乱扔，以免伤人。

⑦ 搬石块应自石堆分层由上而下搬运，不能在中间掏窝取石，取石要看准、拿牢、放稳、一人搬不动的石块要两人抬放，防止砸伤。

⑧ 槽内砌石英钟人员，操作间距不得小于 2 m。

⑨ 基础每砌高 1 m 时，应检查，及时回填、夯实。

（6）砌砖（砖块）墙的安全要求：

① 施工前，应先检查脚手架、马道、六尺杜等绑扎是否牢固，检查有无探头板及杆子裂纹、腐朽现象。大风、下雨后应检查产杆有否沉陷、连接松动、架子歪斜等情况。

② 雪、雨季节施工时，高于四周建筑物的钢脚手架、钢垂直运输要安设避雷装置。

③ 脚手架上灰槽、水桶等料具要放平稳、牢固。砖要堆放整齐，堆砖不得超过三码（侧摆），砖要顶头朝外推置，防止倒塌。架子上每平方米不得超过 270 kg。架子上人不能集中，以防架子上负荷过重。

④ 刨铸把柄要安装结实、牢固，在架子上工作时，不准将碎砖、砂浆、工具等物随意往下扔。砍砖时，应面向砖墙，把碎砖打在墙上，挂线用垂砖必须用线绑车，防止落下伤人。

⑤ 不得在墙上行走或蹲在墙上操作，护身栏上不得坐人，不准站在墙顶上刮缝及清扫墙面或检查大角等。

⑥ 上下架子要走斜道，不要攀登架子，严禁乘卷扬机科盘和吊箱上下。

⑦ 砌筑出檐砖时，必须分层砌筑，不得先砌檐有后砌檐身；砌时应先砌顶砖，锁住后边，

再砌第二皮出檐砖。当屋檐砌完后，严禁在檐上放料和行走。

⑧ 在垂直运输时，对使用的吊笼、滑车、绳索、卷扬机刹车等，应空车试运，满足负荷要求、牢固无损方可使用。吊运时不能超载，在使用中必须经常检查。

⑨ 用塔吊吊砖的吊笼、砂浆料斗，在转动范围内，下边不得有人停留；吊件在架子上下落时，砌筑人员应躲开，禁止料斗碰撞架子或下落时压住架子。

⑩ 井字架或升降台在使用前应检查缆风绳、地锚，使用中应注意偏斜和下沉。

⑪ 每砌完一步架或完成任务，必须把脚手架上的碎砖清理干净，禁止将碎砖和杂物乱堆乱放在脚手板上。

⑫ 采用里脚手架砌砖时，应在建筑物四周，高度在离地面 3～4 m 处架设宽度不小于 3 m 的安全网，以防掉落材料、工具伤人。

⑬ 冬季施工时，上架子后应清扫霜雪，必要时可撒上一层砂子或炉灰，以利行走，斜道上应钉好防滑条，而后才能进行施工。

⑭ 在没有马道的架子上砌砖时，要用垂直运输工具运送材料，严禁向下、往上抛接递砖。

⑮ 在砌筑砖墙时，应按标准留好脚手眼，脚手眼深度不小于 240 mm。

7.2.2　木工

1. 木工的实习内容

（1）模板种类、配制、安排。

（2）基础、柱、梁、板、过梁、雨篷、楼梯等重要模板构造与安装。

（3）现浇结构模板安装偏差。

（4）定型模板规格、构造、连接方法。

（5）木门窗制作安装的质量要求，五金种类。

（6）常用的隔离剂。

（7）现浇结构拆模顺序。

2. 中级木工的技术标准

（1）应知：

① 制图的基本知识，看懂较复杂的施工图。

② 建筑力学的基本知识，木结构的一般理论知识。

③ 木楼梯、栏板的制作方法和木屋架的制作方法。

④ 复杂门、窗、木装修和屋面工程的施工方法、步骤。

⑤ 铝合金门、窗材料性能和安装方法。

⑥ 制作、安装各种基础、水塔、烟囱、模板的方法。

⑦ 滑、升大模板的施工工艺、基本原理以及安装、拆除的方法。

⑧ 模板设计的知识、混凝土强度增长的知识与拆模期限。

⑨ 复杂组合钢模板的排列方法和施工工艺。

⑩ 沥青、树脂等粘贴材料的性能和使用方法。

⑪ 水准义的使用和维护方法。

⑫ 班组管理知识。

⑬ 本工程施工方案的编制知识。

（2）应会：

① 绘制本工种一般工程结构大样图、草图。

② 制作、安装有线角纵横板玻璃门、窗扇、硬百叶窗、双弹簧门、暗推拉门、圆形门窗和形式门窗（如弧形、多边形、转门、活百叶及穿线软百叶等）。

③ 制作、安装各种高级、复杂木装修和马尾屋架以及 12 m 以上人字形屋架。

④ 制作气安装天花板、反光灯槽、多线条护墙板、木楼梯、栏板和弯头。

⑤ 排、铺硬木席织地板，铺塑料、纤维板地面，安装塑料扶手。

⑥ 安装铝合金门窗和吊顶。

⑦ 制作各种预制构件、设备基础、现浇圆柱、楼梯、栏板模和异型模板（如提升、活动薄壳形等）。

⑧ 按施工图计算、排列和组装各种复杂结构钢模板。

⑨ 制作各种抹灰线角模具和制立皮数杆、弧形旋板，一般工程抄平放线。

⑩ 按图计算工料。

（3）木工及其技术要求：

① 木工是使用手工工具和机具，按设计要求进行工业和民用建筑木结构及细木制品制作、装配安装的工种。

② 能使用常用工具，如钢模、木模、水准仪、量具、画线工具、磨头机、打眼机、台钻、手提电锯、支撑以及斧、锯、锤、扳手、创等。

③ 技术要求：

A. 了解并掌握各种类型模板的构造特点和使用范围。

B. 掌握模板的配制和安装的基本要求。

C. 掌握一般结构、构件模板的配合、安装和拆除方法。

D. 正确选用隔离剂。

E. 掌握模板的拆除期限及安全知识。

F. 掌握木门窗的制作工艺和制作方法，能按图制作木门窗。

G. 掌握本门窗和钢门窗安装工艺和安装方法；掌握五金配制的规格、使用范围和安装方法。

H. 了解并掌握门窗制作和安装的质量标准。

I. 了解并掌握吊顶的构造、起拱知识，掌握装针方法。

J. 了解并掌握普通木地板、企口地板、拼花地板的构造、装订方法。

K. 了解并掌握木隔墙、外接隔断的构造及装订方法。

L. 了解并掌握木墙裙、踢脚板的构造及装订方法。

M. 绘制木装修结构大样图，计算工料。

N. 把在校所学的基本理论知识，通过工地现场实施施工生产、系统的施工操作步骤、工种之间的交叉衔接、安全操作等，获得进一步的感性认识，使学生的理论知识与感性技能得到进一步的巩固与提高。

（4）楼梯模板的安装方法。

① 楼梯模板的构造。

双跑板式楼梯包括梯段（梯段极和踏板）、梯基梁、平台梁及平台梁及平台板等，如图 7.1 所示。平台梁和平台模板的构造与肋形楼盖模板的构造基本相同。梯段模板由底板、搁栅。牵杠、牵撑、外帮板（方木加正三角木）、踏步侧板、反扶梯基（反三角木）等组成。踏步侧板两端钉在外帮板的正三角木上。如果墙已先砌，靠墙处的外帮板用反扶梯基代替，则靠墙一端的踏步侧板就钉在反三角木板上。反扶梯基由若干块三角木钉在方木上而成。三角木的两直角边分别等于踏步的高和宽，厚度为 50 mm，方木断面为 50 mm × 100 mm。为防止混凝土浇捣时踏步侧板中央发生凸肚现象，在其中央宜加一道反扶梯基作为支撑。外帮板的方木高度等于梯段板混凝土的厚度，厚度与三角木厚度相等，长度视梯段长而定。

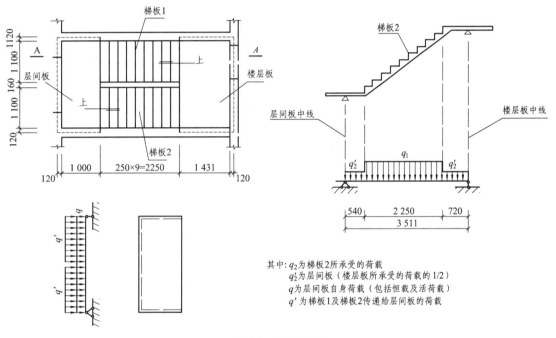

其中：q_2 为梯板 2 所承受的荷载
　　　q_2' 为层间板（楼层板所承受的荷载的 1/2）
　　　q 为层间板自身荷载（包括恒载及活荷载）
　　　q' 为梯板 1 及梯板 2 传递给层间板的荷载

图 7.1　楼梯模板

② 操作工艺顺序。

确定模板的配制尺寸→配制模板→安装梯基梁模板→安装平台梁、平台板模板→针托木—铺梯段搁栅→钉牵杠和牵社撑→铺梯段底板→弹线、钉外帮板→绑扎钢筋→钉踏步侧板及其支撑→安置栏杆预埋件。

③ 操作工艺要点。

A. 确定模板的配制尺寸。

楼梯模板中，有些部位的配制尺寸可按图计算直接求得，还有一些部位的配制尺寸却需通过放样或较复杂的计算才能确定。如外帮板方木、梯段底板的长度，梯基梁、平合梁里侧模板的高等。确定楼梯模板配制尺寸的方法有三种，下面以图 7.2 楼梯为例，分别逐一介绍。

a. 1∶1 放大样确定模板的配制尺寸。

● 弹出水平基线 x—x 及基垂线 y—y，且假设基线 x—x 的标高为 −0.02。

- 根据图纸有关尺寸和标高，弹出梯基梁、平台梁及平台板的位置。弹线时的具体尺寸见图 7.2（a）。

- 定出踏步首末两级 M、m 两点，及根部位置 N、n 两点；弹出 ds、Nn 的连线。然后，弹出与 Nn 的距离等于梯段混凝土厚度（80 mm）的平行线，与梁边相交于 K、k 两点。

- 在直线 Mm 与 Nn 之间，通过水平等分或垂直等分，弹出各级踏步外形线。

- 按模板厚度在梁、根底部和侧面弹出模板图，见图 7.2（b）。

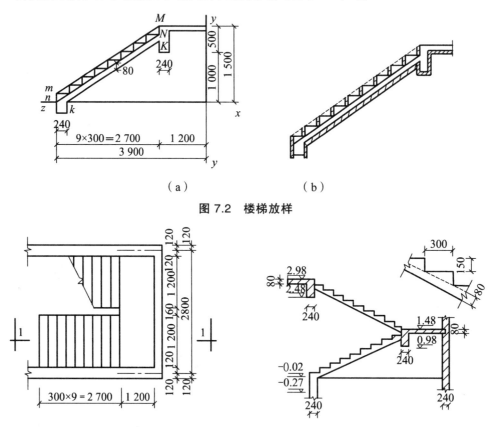

（a）　　　　　　　　　　　（b）

图 7.2　楼梯放样

图 7.3　楼梯

- 按支撑系统的材料规格，弹出模板支撑系统及反扶梯基等模板的安装图（见图 1）。第二梯段的放样与第一梯段基本相同。

b. 计算确定模板的配制尺寸。

- 计算坡度和坡度系统。图 7.3 所示楼梯中，踏步高为 150 mm，踏步宽为 300 mm 时：

$$踏步斜边长 = \sqrt{150^2 + 300^2} \approx 335.4 \text{ (mm)}$$

$$坡度 = \frac{三角木短直角边}{三角木长直角边} = \frac{150}{300} \approx 0.5$$

$$坡度系数 = \frac{三角木斜边}{三角木长直角边} = \frac{335.4}{300} \approx 1.118$$

- 计算梯基梁模板。

外侧模板高度 $= 270 - 20 + 150 + 50 = 450$（mm）　（式中 50 为外侧模包墙的高度）　（见

图 7.4）。

$$里侧模板高度（短角）＝外侧模板高度 - AC$$
$$AC = AB + BC$$
$$AB = 长直角边×坡度 = 60×0.5 = 30（mm）$$
$$AC = 长直角边×坡度系数 = 80×1，118≈90（mm）$$

所以　　　　　　　$$AC = 30 + 90 = 120（mm）$$
$$里侧模板高度（短角）= 450 - 120 = 330（mm）$$

若里侧模板厚度为 45 mm，则长、短角的差值 = 长直角边×坡度 = 45×0.5≈23（mm）里侧模板高度，见图 7.5。

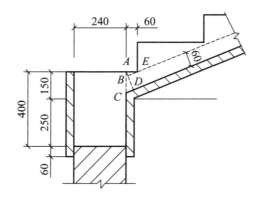

图 7.4　梯基梁模板

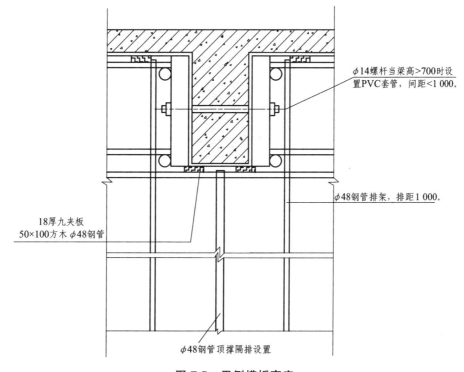

图 7.5　里侧模板高度

里侧模板高度 = 1200 − 120 + 50 = 1130（mm）（式中 50 为梯基梁端面模板的厚度）。

• 计算平台梁模板。处侧模板高度 = 1480 − 980 − 150 − BC + 45

$$BC = 长直角边 \times 坡度系数 = 80 \times 1.118 \approx 90（mm）$$

所以与下段连接的里侧模高度（长角）= 305 mm

同理与上段连接的里侧模高度（短角）= 1480 − 980 − BC + 45 = 500 − 90 + 45 = 455（mm）

若里侧模板厚度为 45 mm，则

$$长、短角的差值 = 长直角边 \times 坡度 = 45 \times 0.5 \approx 23（mm）$$

平台架里侧模板的配制尺寸见图 7.6（c）。

• 计算梯段板底摸。见图 7.3，梯段板底摸长度等于底模水平投影长度乘以坡度系数。

$$底模水平投景长度 = 2\,700 − 240 − 45 − 45 = 2\,370（mm）$$

梯段板底模长度 = 2 370 × 1.118 ≈ 2 650（mm），底摸宽度应大于等于梯段混凝土宽加上外帮板宽度。本例中，底摸宽度应大于等于 1 250 mm。

c. 三角木样板上局部放样。

楼梯模板配制尺寸较难确定的是梯基梁和平台梁的里倒模板的高度。利用三角木样板进行局部放样，能简捷地求得这两块模板的高度。具体放样过程如下：

• 用硬质纤维板制作 1∶1 踏步三角木板样。

• 求梯基梁里侧模板高度。

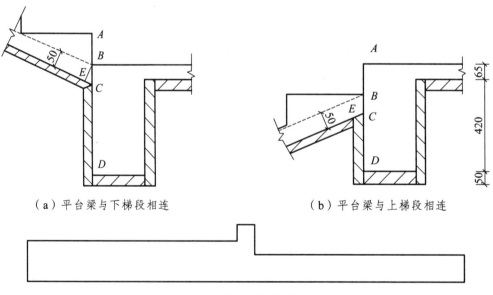

（a）平台梁与下梯段相连　　　　　　　　（b）平台梁与上梯段相连

（c）平台里侧模板

图 7.6　平台模板

在三角木样板的长直角边 MN 上量取 MN = 60 mm，过 S 点作 MNE 有垂线交 MP 于 K，量取 SK 的长度，SK = 30 mm，见图 7.7。则 SK 的长度等于图 7.4 中 AB 的长度。

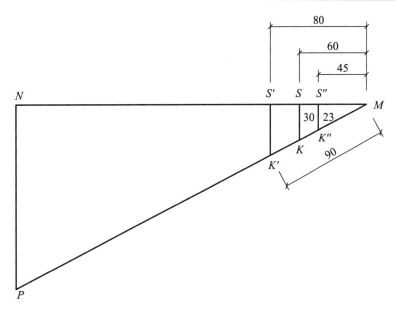

图 7.7　三角木样板上局部放样

在 MN 上量取　$MN=80$ mm，过 S 点作 MN 的垂线交 MP 于 K。量取 MK 的长度，MK $=90$ mm。则 MN 的长度等于图 7.6 中 BC 的长度。

$$里侧模板的高度（短角）=400+50-SK-MK=400+50-30-90=330（mm）$$

若里侧模板厚度为 45 mm，则在 MN 上量取 $MS=45$ mm，过 S 点作 MN 的垂线产 MP 于里侧模板离度（长度）$=330+SK=330+23=353$（mm）。

d. 求平台梁里侧模板的高度。

图 7.6 中，BC 的长度就等于上述 MK 的长度，即 $BC=90$ mm。

$$与上梯段连接的里侧模板高度（长角）$$
$$=1\,480-980-150-BC+45=395-90=305（mm）$$
$$与上梯段连接的里侧模板高度（短角）$$
$$=1\,480-980-150\text{-}BC+45=545-90=455（mm）$$

若里侧模板厚度为 45 mm，则长、短角的差什就等于上述 $S"K$ 的长度，即长、短角差值为 23 mm。

$$与下梯段连接的里侧模高（短角）=305-23=282（mm）$$
$$与上梯段连接的里侧模高（长角）=455+23=478（mm）$$

平台梁里倒模板的配制尺寸见图 7.6（c）。

利用三角木样板作图，求解这些特殊位置模板的尺寸，是一种简单易记的实用方法。另外，利用三角木样板还可在有些特殊模板上直接划出锯料线。

如需确定外帮板方木两端头的锯料线，如图 7.8 所示。对于上述梯基架里侧模板长、短角的差值，若不在三角木样板上作图量出其差值，也可按此方法直接在配制的模板上划出长、短角的锯料线。

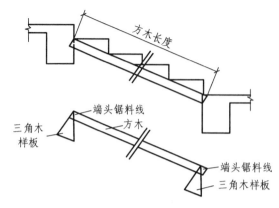

图 7.8　外帮板方木画线

B. 配制模板。

目前，支撑楼梯模板已普遍采用定型组合钢模板、钢顶撑或扣件工脚手钢管，因此，模板配制的工作量大大减少。首先，根据上述求得的模板配制尺寸，分别准备好相应规格的钢模板、钢顶撑或脚手钢管及扣件；然后，按三角木样板制作三角木。三角木宜用 50 mm 厚的木材。画线时，应使三角木样板的斜边与木纹方向一致（见图 7.9），锯割时不要留线，以力求准确、宁肯小勿大为原则。三角木数量根据踏步数而定。

梯基梁、平台架里倒模板的顶面需制成斜面，可采取钢、木模组合的方法，斜面部分用木模配制，然后连接在相应高度的钢模板上。

C. 安装梯基梁、平台梁、平台板模板。

确保梯基梁、平台梁的标高和水平距离准确，是楼梯支模的关键。因此，须认真丈量距离和校核标高。平台梁、平台板顶撑下面的泥土应夯实，并放置 50 mm 厚的通长垫头板。顶撑之间应加设水平拉杆和剪刀撑，顶撑底部并与垫头板用针固定（不要针死）。

D. 钉托木、铺梯段板搁栅。

托木钉在梯基梁、平台架内侧模板的背面。托木离内侧模板上口的距离，应等于搁栅厚度加梯段底模板的厚度。为防止托木受力后下移，托木下面应设若干小支撑（俗称矮南）。托木钉好后，在其上铺搁栅。搁栅长度不够需连接时，接头应错开。整个梯段的搁栅面应平整，搁栅间距 50～60 cm。若梯段底模板采用定型组合钢模板，则搁栅间距应满足钢模板的尺寸要求。

E. 针牵杠和牵社撑。

牵杠位于搁栅的下面，间距 80～100 cm。牵杠撑支于牵杠下面，不应与地面垂直。牵杠撑下面泥土应夯实，并铺垫头板。木楔应用针固定在垫头板上（不要钉死）。牵社撑之间以及牵社撑与平台梁顶撑之间，应设拉杆连接，增强整体稳定。

F. 铺梯段底模板，钉外帮板。

梯段底模板的宽度应大于等于图纸上混凝土梯段的宽度加外帮板的宽度。梯段底模板铺钉时，要紧密，以防漏浆；钉子尽量少钉，以便于拆模。

梯段底模板铺钉好后，根据梯段的设计宽度，在其上弹出控制线，作为钉外帮板的依据。先将外帮板方木支线钉牢，然后在方木上划出每一踏步三角木的位置线，最后接线逐块钉踏步三角木。钉踏步三角时，要避免产生累积误差，否则，最后一踏步尺寸就会明显不符合图纸要求。

若梯段一侧砖墙已先砌，则该处应设置反扶梯基。

G．钉踏步侧板及其支撑。

待楼梯钢筋绑扎好后，就可钉踏步侧板。为防止踏步侧板在混凝土浇捣时产生凸肚，可在其中间加设小支撑。通常用反扶梯基来代替小支撑，其优点是：操作简单，易于翻模周围使用，支撑效果好。为避免较长的反扶梯中间部分发生下垂，从而影响踏步侧板，可逆反扶梯基中间加 1~2 道小支撑，防止其下垂。该小支撑一头钉在反扶梯基上，另一头撑在梯段底模板车，不必钉死；当混凝土浇至该支撑处时，随手将其拆去即可。

H．安置栏杆预埋件。

栏杆预埋件，一般随混凝土浇筑而进行理设，其平面位置应符合图纸要求，高低位置应与踏步侧板上口平。同时要保证预埋件与周围混凝土密实。埋件位置不准确将会影响栏杆和扶手的安装质量。

④ 质量标准。

现浇钢筋混凝土结构模板工程的质量标准如下：

A．保证项目。

模板及其支架必须具有足够的强度、刚度和稳定性；其支架的支承部分有足够的支承面积。如安装在基土上，基土必须坚实并排水措施。对湿陷性黄土，必须有防水措施；对冻胀性土，必须有防冻融措施。

B．基本项目。

a．模板接缝处，接缝的最大宽度不超过 1.5mm。

b．模板与混凝土的接触面应清理干净并满涂隔离剂。

C．允许偏差项目。

模板安装和预埋件、预留孔油允许偏差和检验方法应符合表 7.1 的规定。

表 7.1　模板安装和预埋件、预留孔油的允许偏差和检验方法

项次	项目		允许偏差/mm				检验方法
			单层多层	高层框架	多层大模	高层大楼	
1	轴线位移	基础柱、墙、梁	5 5	5 3	5 5	5 3	尺量检查
2	标高		±5	+2 −5	±5	±5	用水准仪或拉线和尺量检查
3	截面尺寸	基础柱、墙、梁	±10 +4 −5	±10 +2 −5	±10 ±2	±10 ±2	尺量检查
4	每层垂直度		3	3	3	3	用 2 mm 托线板检查
5	相邻两板表面高低差		2	2	2	2	用直尺和尺量检查
6	表面平整度		5	5	2	2	用2m托线板检查
7	预埋钢板中心线位		3	3	3	3	

续表 7.1

项次	项目		允许偏差/mm				检验方法
			单层 多层	高层框架	多层大模	高层大楼	
8	预埋螺栓	中心线位移外露长度	3	3	3	3	
9	预埋螺栓	中心线位移截面内部尺寸	2 ±10 −0	2 ±10 −0	2 ±10 −0	2 ±10 −0	拉线和尺量检查
10	预留洞	中心线位移截面内部尺寸	10 ±10 −0	10 ±10 −0	10 ±10 −10	10 ±10 −0	

⑤ 梯模板常见质量通病和防治方法。

A. 楼梯坡度不符合设计要求。

a. 支撑梯基梁和平台梁板时，两者的标高、水平距离不准确，导致楼梯坡度出现较大的误差。

b. 梯基梁和平台架内侧模板高度不准确，从而影响楼梯的坡度。

预防方法：仔细看清图纸尺寸要求，支模时要一丝不苟。安装踏步三角木，出现三角木排不出或排之有余时，应认真寻找原因，不能随便收小或放大三角木尺寸勉强安装上去。

B. 踏步中间混凝土凸肚。

出现这种现象，主要是踏步测板中间的小支撑末顶紧或者反扶梯基上的反三角木与正三角木大小不一致所造成的，因此，除了要保证三角木制作尺寸一致外，支模时要仔细检查每一个支撑点是否撑实。

C. 同一跑梯段踏步的建筑尺寸不一致。

当楼面或休息平台的装饰层厚度与踏步面的装饰层厚度不相同，在结构施工支模时，第一踏步的高度需要作相应的增减；否则，装饰层施工后就会出现第一踏步的高度与其他踏步的高度不相同，即踏步的建筑尺寸不一致。

D. 上、下跑梯段的踏步口的投影不在一条直线上。

楼面、休息平台和踏步的装饰层施工后，常会出现上、下跑梯段的踏步口的投影不在一条直线上，特别在装饰层采用块料铺贴时，将会大大影响休息平白处的观感质量。因此，在结构施工支模时，应加以调整。具体方法是：根踏步立面装饰层的厚度，在钉上、下跑梯段踏步三角木时，分别向前移动应的距离。

E. 楼梯模板的施工缝位置留设不正确。

由于施工组织等原因，现浇钢筋混凝土楼梯经常会碰到需要留设施工缝。施工缝位置留得是否正确，将会影响混凝土结构的质量。现浇钢筋混凝土楼梯工缝应留设在梯段中间的 1/3 跨度范围内。在支模时，施工缝外的踏步板可暂缓安装。

⑥ 安全操作注意事项。

A. 楼梯模板配制和拆除时的注意事项同预应力钢筋混凝土屋架模板。

B. 在梯段板上行走要当心滑倒。在梯段板绑扎钢筋之前，宜在梯段板上设踏脚木条。并设置长垫头板，确保楼梯模板的整体稳定。

C．楼梯梁、板下的支撑立柱，应设置剪刀撑、水手撑，并互相拉结，必要时应设置抛撑。下部的土要夯实，并设置长垫头板，确保楼梯模板的稳定。

D．对于多层楼梯，若上层楼梯的支撑立柱支承在下层楼梯上时，下层楼梯必须有足够的强度或具有足够的支架支撑能力。上层支撑立柱应对准下层支架的立柱。

7.2.3　混凝土工

1．混凝土工的实习内容

（1）搅拌机种类、规格、搅拌站前台与后台的职责。

（2）振动器种类、规格、用途。

（3）计算施工配合比。

（4）施工缝留设及处理。

（5）养护方法。

（6）混凝土表面缺陷，如何进行修补。

（7）水平运输与垂直运输方法。

2．混凝土工的技术要求

（1）应知：

① 制图的基本知识，看懂较复杂的施工图。

② 混凝土和钢筋混凝土构件受力的一般理论知识。

③ 特种水泥、外加剂、掺和料的技术特性、使用方法和适用范围。

④ 混凝土工程浇揭前的施工准备，有关工种间的交接检查。

⑤ 混凝土施工缝的留设位置和要求。

⑥ 耐酸、耐碱、耐热等特种混凝土的施工方法。

⑦ 大流动混凝土和泵送混凝土的施工方法。

⑧ 各种混凝土在不同气候条件下的施工方法。

⑨ 混凝土强度增长的知识和拆模期限。

⑩ 各类土的鉴别和放坡比例，探测地基的一般方法。

⑪ 本工种与其他工种之间的工作步骤与联系。

⑫ 班组管理知识。

⑬ 本工种施工方案的编制知识。

（2）应会：

① 浇捣吊车架、拱形屋架、烟囱、水塔和煤斗等混凝土。

② 使用压力喷浆机进行预应力孔道灌浆。

③ 主持在流动性混凝土和泵送混凝土的施工。

④ 按图计算工料。

（3）现浇框架混凝土的施工。

钢筋混凝土框架结构是多层和高层建筑的主要结构形式。框架结构施工有现场直接浇筑、预制装配、部分预制、部分现浇等几种形式。现浇钢筋混凝土框架施工是将柱、墙（剪力墙、电梯井）、梁、板（也可预制）等构件在现场按设计位置浇筑成一整体。

现浇框架混凝土施工时，要由模板、钢筋等多个工种相互配合进行。因此，施工前要做好充分的准备工作，施工中要合理组织，加强管理，使工种密切协作，以加快混凝土工程的施工速度。

① 施工前的准备工作。

A. 技术交底。

采用框架混凝土施工的，应由技术人员将技术部门编制的混凝土工程的施工方案对全体参加混凝土施工的人员进行必要的技术交底。其内容包括：

a. 工程概况和特点，框架分层、分段施工的方案，浇筑层的实物工程量与材料数量。

b. 混凝土浇筑的进度计划，工期要求，质量、安全技术措施等。

c. 施工现场混凝土搅拌的生产工艺和平面布置，包括搅拌台（站）的平面位置、材料堆放位置、计量方法与要求、运输工具及路线等。

d. 浇筑顺序与操作要点，施工缝的留置与处理。

e. 混凝土的强度等级、施工配合比及坍落度要求。

f. 劳动力的计划与组织、机具配合配备等。

B. 材料、机具及劳动力的准备。

a. 检查原材料的质量、品种与规格是否符合混凝土配合比设计要求，各种原材料应满足混凝土一次性连续浇筑的需要。

b. 检查施工用的搅拌机、振捣器械、水平及垂直运输设备、料斗及串筒、备用品及配件准备的情况。所有机具在使用前应试运行，以保证使用过程中运转良好。

c. 灌注混凝土用的料斗、串筒应在浇筑前安装就位，浇筑用的脚手架、桥板、通道应提前搭设好，并保证安全可靠。

d. 对砂、石料的称量器具应检查校正，保证其称量的准确性。

e. 安排好本工种前后台工作人员，配备值班电工、翻斗车司机、看护模板及钢筋的木工和钢筋工、机械修理工。

C. 模板及钢筋的检查。

a. 检查模板安装轴线位置、标高、尺寸与设计要求是否一致，模板与支撑是否牢固可靠，支架是否稳定，模板拼缝是否严密，锚固螺栓和预埋件、预留孔洞位置是否准确等，发现问题应及时处理。

b. 检查钢筋的规格、数量、形状、安装位置是否符合设计要求，钢筋的接头位置、搭接长度是否符合施工规范要求，控制混凝土保护层厚度的砂浆。垫块或支架是否按要求铺垫，绑扎成型后的钢筋是否有松动、变形、错位等。对检查中发现的问题应及时要求钢筋工处理。

检查后应填写隐蔽工程记录。

D. 混凝土开拌前的清理工作。

a. 将模板内的木屑、绑扎丝头等杂物清理干净。木模在浇筑前应充分浇水润湿，模板排缝隙较大时，应用水泥袋纸、木片或纸筋填塞，以防漏浆影响混凝土质量。

b. 黏附在钢筋上的泥土、油污及钢筋上的水锈应清理干净。

E. 季节施工准备。

常温下施工应准备好草帘、麻片等覆盖物，冬季施工应准备好保温材料和保温设备。

② 框架混凝土的施工工艺与方法。

浇筑多层框架混凝土时，要分层分段组织施工。水平方向以结构平面的伸缩缝或沉降缝为分段基准，垂直方向则以每一个使用层的柱、墙、梁、板为一结构层，先浇柱、墙等竖向结构，后浇筑梁和板。因此，框架混凝土的施工实际上是除基础外的柱、墙、浆、板的施工。

A．柱混凝土的浇筑。

a．混凝土的灌注。

● 混凝土灌注前，往底表面应充填 5～10 cm 厚与混凝土内砂浆成分相同的水泥砂浆，然后再分段分层灌注混凝土。

● 当柱高个超过 3.5 cm，柱断而大于 40 cm×40 cm 且无交叉钢筋时，混凝土可柱模顶直接倒入。当柱高超过 3.5 m 时，必须分段灌注混凝土，每段高度不得超过 3.5 m。

● 凡柱断面在 40 cm×40 cm 以内或有交叉钢筋任何断面的混凝土柱，均应在模侧面加设的门子洞上装斜溜分段灌注，每段高度不得大于 2 m。如箍筋妨碍斜溜槽安装时，可将输筋一端解开提起，待混凝土浇至门子洞下口时，卸掉斜溜，将箍筋重新绑扎好，用门子板封口，柱箍箍紧，继续浇上段混凝土。采用料溜槽下料时，可将其轻轻晃动，加快其下料速度。采用率简下料时，柱混凝土的灌注高度司不受限制。

● 灌注断面尺寸狭小且高度较大的柱时，当浇筑至一定高度后，应适量减少混凝土配合比的用水量。

● 柱子分段灌注时必须按表 7.2 的规定分层灌注混凝土。因此，下料时不可一次堆积太高，影响混凝土的浇筑质量。

b．混凝土的振捣。

● 混凝土的浇捣一般需 3～4 人协同操作，其中两人负责下料，一人负责振捣，另一人负责开关振捣器。

● 柱混凝土应使用插入式振捣器振捣。当振捣器软轴比柱长 0.5～1 mm 时，待下料到分层厚度后，可将抽入式投捣器从柱顶伸入混凝土内进行振捣。振捣时应注意插入深度，掌握好振捣时间和"快插慢拨"的振捣方法。分层浇筑时，振捣器的棒头须伸入下层混凝土内 5×l0cm，使上下层混凝土结合处振捣密实。同时，应注意不要使振捣器软轴振动过大，以免碰撞钢筋。在此情况下最好的办法是先找到振捣位置，然后再合闸振捣。

表 7.2　混凝土浇筑层厚度

项次	捣实混凝土的方法		浇筑层的厚度
1	插入式振捣		振捣器作用的部分长度的 1.25 倍
2	表面振捣		200
3	人工捣固	在基础、无筋混凝土配筋稀疏的结构中	250
		在梁、板、墙、柱结构中	200
		在配筋密列的结构中	150
3	轻集料混凝土	插入式振捣	300
		表面振动（振动时需加荷载）	200

- 当插入式振捣器软轴比柱高短时，则应从柱模侧面的门子洞插入，待振捣器找好振捣位置时，再合闸振捣。

- 振捣时以混凝土不再塌陷，从柱模顶往下看时，混凝土表面泛浆有亮光，以及柱模外侧模板拼缝均匀微露浆水为好。另可用木槌轻击柱侧模判定，如声音沉实，则表示混凝土已振实。

c. 养护与拆模。

- 由于柱为垂直构件，断面小而高度大，表面覆盖草帘等较困难，故多采用浇水养护的办法。浇水次数以模板表面保持湿润为准。

- 养护时间。硅酸盐水泥、普通水泥和矿渣水泥拌制的混凝土不得少于 7 天；其他品种的水泥，其养护时间应根据水泥技术性能确定。

- 柱模的拆除时间，应以混凝土的强度能保证其表面及棱角不因拆除模板而受损坏时，万可拆除。

- 柱模的拆除。应以后装先拆、先装后拆的顺序拆除。拆模时不要用力过猛、过急，以避免柱边混凝土缺棱掉角。

B. 墙混凝土的浇筑方法。

a. 混凝土的灌注。

- 墙体混凝土浇筑，应遵循先边角后中部、先外墙后隔墙的顺序，以保证外部墙体的垂直度。

- 混凝土灌注时应分层。分层厚度；人工插捣不大于 35 cm；振捣器振捣不大于 50 cm；轻集料混凝土不大于 30 cm。

- 高度在 3 m 以内的外墙和隔墙壁，混凝土可从墙顶向模板内卸料，卸料时须在墙顶安装料斗缓冲，以防混凝土产生离析。对于截面尺寸狭小且钢筋密集的墙体，则应在侧模上开门子洞，用斜溜槽投料，但高度不得大于 2 m。对于高度大于 3 m 的任何截面的墙体，均应每隔 2 m 开门子洞，装斜溜槽投料。

- 墙体上设有门窗洞或工艺洞口时，应从两侧同时对称没料，以防将门窗洞或工艺洞口模板挤偏。

- 墙体在灌注混凝土前，须先入底部辅 5～10 cm 厚与混凝土成分相同的水泥砂浆。

b. 混凝土的振捣。

- 对大厚度的混凝土墙，可用插入式振揭器振捣，其方法同柱的捣。对一般或钢筋密集的混凝土墙，宜采用在模板外侧悬挂附着式振捣器振捣，其振捣深度约 25 cm。如墙体截面尺寸较大时，可在两侧悬挂附着式振捣器振捣。

- 使用插入式振捣器如遇有门窗润及工艺洞口时，应两边同时对称振捣同时，不得用振捣头猛击预留孔洞、预埋件和闸盒等。

- 当顶板与墙体体现浇时，楼顶极端头部分的混凝土应单独浇筑，以保证墙体的整体性和抗震能力。

c. 养护与拆模。

- 常温下室采用喷水养护，养护时间在 3 d 以上。

- 当混凝土强度达到 1 MPa 以上时（以试块强度确定）方可拆模。拆模时间过早容易使墙体混凝土下坠，产生裂缝和与模板发生粘连。

C. 梁、板混凝土的浇捣。

a. 由主次梁组成的肋形楼盖，混凝土的浇筑应顺次梁方向，主次梁同时浇筑。在保证主梁浇筑的前提下，将施工缝留在次梁跨中 1/3 的范围内。

b. 梁和板混凝土宜同时浇筑。当梁高不超 1 mm，可先浇筑主次梁，后浇筑板。其水平施工缝留置在板底以下 2～3 cm 处。凡截面高大于 0.4 mm、小于 1 m 的梁，应先分层浇筑梁混凝土，待混凝土至楼板底面后，梁、板混凝土同时浇筑。其操作方法是先将梁的混凝土分层浇筑成阶梯形，并向前赶。当起始点的混凝土到达板位置时，与板的混凝土一起浇筑。随着阶梯的不断延长，板的浇筑也不断地向前推移。

• 采用小车或料斗运料时，它将混凝土料先卸在扑盘上，再用铁锹往架里浇灌混凝土。浇灌时一般采用"带浆下料法"，即锹背靠着梁的侧模向下倒。在梁的同一位置上，侧板两边应该一边一锹均匀下料。浇筑楼板时，可将混凝土料直接卸在楼板上，但须注意不可集中卸在楼板边角或有上层钢筋的楼板处。楼板混凝土的虚铺高度可高于楼板设计厚度 2～3 cm。

b. 混凝土的振捣。

• 架混凝土应采用插入式报捣器振捣，从梁的一端开始，先在起头的一小段内浇一层与混凝土成分相同的水泥砂浆，再分层浇筑混凝土。振捣时由两人配合，一人在前门用插入式振捣器振捣混凝土，使砂浆先流动到前面和底部，让砂浆包裹石子；另一人在后面用捣纤靠着侧板及底部往回钩石子，以免石子挡住砂浆往前流动。待浇筑至一定距离后，再回头浇筑第二层，直至浇捣在梁的另一端头。

• 浇筑梁、柱或主次架结合部位时，由于梁肋部的钢筋较密集，报捣器无法直接插入振捣，此外，可将振捣器从弯起钢筋斜段间隙中斜向插入振捣。

• 楼板混凝土的捣固宜采用平板报捣器振捣。当混凝土虚铺有一定的工作面后，用平板振捣器像织布一样来回振捣。振捣的方向应与浇筑方向垂直。由于楼板的厚度一般在 10m 以下，振捣一遍即可密实。通常，为使混凝土板面更平整，可将平板振捣器再快速拖拉一遍，拖拉方向与第一遍的振捣方向垂直。

c. 养护与拆模。

• 梁、板混凝土浇筑完毕后，应在 12 h 内用薄膜、麻片、锯木或破将其表面覆盖，定期浇水，保持混凝土具有足够湿润状态。但平均气温低于 5℃ 时，不得浇水，并采取必要的保温措施。面积较大的楼盖，也可采用围水养护。

• 浇水养护日期，硅酸盐水泥、普通水泥及矿渣水泥拌制的混凝土，不得少于 7d；采用其他品种水泥时，养护日期视水泥技术性能而定。

• 梁、板底模及支架的拆除，应在混凝土的强度达到施工规范的强度后，方可拆除。侧模应在混凝土强度能保证其表面及棱角不因拆除模板而受损坏时，方可拆除。

③ 施工缝的留置。

根据施工规范规定，施工缝的位置宜留在结构受剪力较小且便于施工的部位。框架结构的施工缝通常留在以下几个部位：

A. 柱子宜留在基础顶面或楼板面、梁的下面。

B. 与板连成整体的大断面（梁高大于 1 mm），留置在板底下面 2～3 cm 处；当板下有托梁时，留在梁托下部。

C. 单向板的施工疑可留置在平行于板的短边的任何位置；双向板应按设计要求留置。

D. 有主次梁的楼板，宜顺着咨梁方向浇筑，施工缝应留置在次梁跨度的中间 1/3 范围内如图 7.9 所示。

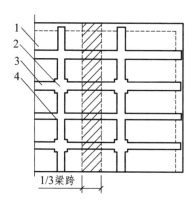

图 7.9 有主次梁楼盖的施工缝位置

1—楼板；2—柱；3—次梁；4—主梁

E. 墙的施工缝可留置在门洞口过梁跨中 1/3 范围内，也可留在纵横墙的交接处。

F. 柱和梁的施工缝，应垂直于构件轴线；板和墙的施工缝，则应与其表面垂直。在预留施工缝的地方，在楼板上按板厚放一木条，在梁上闸以木板，其中间要留切口，以便钢筋通过。

④ 现浇钢筋混凝土框架的质量标准。

A. 保证项目。

a. 混凝土所用水泥、水、集料、外加剂等必须符合施工规范的有关规定。

b. 混凝土的配合比、原材料计量、搅拌、养护和施工缝处理必须符合施工规范的规定。

c. 对设计不允许有裂缝的结构，严禁出现裂缝的结构，其裂缝必须符合设计要求。

B. 基本项目。

a. 混凝土应振捣密实。每个检查作（处）的任何一处蜂窝面积应符合规定：

合格：梁、柱上一处不大于 1 000 cm^2；累计不大于 2 000 cm^2 墙、板上一处不大于 2 000 cm^2，累计不大于 40 000 cm^2。

优良：梁、柱上一处不大于 200 cm^2，累计不大于 400 cm^2，墙、板上一处不大于 400 cm^2，累计不大于 800 cm^2。

b. 孔洞面积每个检查件（处）的任何一处孔洞，其面积均应符合以下规定：

合格：梁、柱上一处不大于 40 cm^2，累计不大于 80 cm^2，墙、板上一处不大于 100 cm^2，累计不大于 200 cm^2。

优良：无孔洞。

c. 每个检查件（处）任何一根主筋露筋，长度均应符合以下规定：

合格：梁、柱上露筋长度不大于 10 cm 累计不大于 20 cm；墙板上的露筋长度不大于 20 cm，累计不大于 40 cm。

优良：无露筋。

d. 每个检查件（处）任何一处缝隙夹渣层长度、深度均符合以下规定：

合格：梁、柱上的缝隙夹渣层长度和深度均不大于 5 cm；墙、板上的缝隙夹渣层长度不大于 20 cm，深度不大于 5 cm，且不多于两处。

优良：无缝隙夹渣层。

C．允许偏差项目。

现浇钢筋混凝土框架的允许偏差和检验方法见表 7.3。

⑤ 施工中应注意的质量问题。

A．柱、墙底部出现"烂根"的质量问题。

a．混凝土浇筑前，未在柱、墙底铺以 5～10 cm 厚的"肥浆"。在向其底部卸料时，混凝土发生离析，石子集中于柱、墙底而无法振捣出浆来，造成底部"烂根"。

b．混凝土灌注高度超过规定要求，又未采取相应措施，致使混凝土发生离析，柱、墙底石子集中而缺少砂浆。

c．振捣时间过长，使混凝土内石子下沉、水泥浆上浮。

d．分层浇筑时一次性投料不能过多，振捣完毕后应用木槌敲击模板，从声音判断底部是否振实。

e．楼地面表面不平整，墙模安装板与楼地面接触处缝隙过大，造成混凝土严重漏浆而出现"烂根"现象。

B．柱边角严重露石的质量问题。

a．模板边角拼装缝隙过大，严重跑浆造成边角处漏石。因此，模板配制时，边角处宜采用阶梯缝搭接；如采用直缝，模板缝隙应用水泥袋纸填塞。

b．某一拌盘配合比不当，石多浆少或局部漏报，造成边角处呈蜂窝状漏石。

C．柱垂直度发生偏移的质量问题。

a．柱模支撑方法不当，致使混凝土振揭时支撑下陷，柱顶发生偏移。

b．一排柱浇筑时，从一端开始向另一端进行。由于模板吸水膨胀，断面增大而产生横向推力，并逐渐积累到另一端，最后一根柱子将发生弯曲变形。正确的浇筑顺序是从中间向两端浇筑。

D．门窗洞口两一角发生斜向开裂的质量问题。

a．墙体模板拆除过早，混凝土未达到一定强度，拆模时用力过猛，造成门窗洞口两上角开裂。

表 7.3　现浇钢筋混凝土框架结构构件允许偏差

项次	项目		允许偏差/mm		检验方法
			单层、多层	高层框架	
1	轴线位移	柱、墙、梁	8	5	尺量检查
2	标高	层高	±10	±5	用水准仪或尺量检查
		全高	±30	±30	
3	截面尺寸	柱、墙、梁	+8 −5	±5	尺量检查
4	柱墙垂直度	每层	5	5	有 2m 托线板检查
		全高	$H/1\ 000$ 且不大于 20	$H/1\ 000$ 且不大于 30	用经纬仪或吊线和尺量检查

续表 7.3

项次	项目		允许偏差/mm		检验方法
			单层、多层	高层框架	
5	表面平整度		8	8	用 2 m 靠尺和楔形塞尺检查
6	预埋钢板中心线位置偏移		10	10	尺量检查
7	预埋螺栓中心线位置偏移		5	5	
8	预埋螺栓中心线位置偏移		5	5	
9	预留孔洞中心线位置偏移		15	15	
10	电梯井	井筒长、宽对中心线	±25 −0	±25 −0	尺量检查
		井筒全高垂直度	$H/1\,000$ 且不大于 30	$H/1\,000$ 且不大于 30	吊线和尺量检查

b. 模板安装时,门洞口模板对角尺寸大于门窗洞口净宽,将门洞上口顶裂。

c. 门窗洞口是应力较集中的地方,如混凝土养护不及时,伸缩过大,引起上口两斜角被拉裂。必要时可配置斜拉钢筋。

E. 柱、架结合部梁底出现裂缝的质量问题。

柱混凝土浇筑完毕后未经沉实而继续浇筑梁混凝土。规范规定:浇筑与柱和墙连成整体的梁和板时,应在柱和墙浇筑完毕后停歇 1~1.5 h,使其获得初步沉实,再继续浇筑。

F. 拆模后,楼板底出现漏筋的质量问题。

a. 保护层垫块位置或垫块铺垫间距过大,甚至漏垫,钢盘紧贴模板,造成露筋。

b. 浇筑过程中,操作人员踩踏钢筋,拆模后出现漏筋。

c. 下料时,部分混凝土石多浆少,或模板缝隙过大、漏浆严重,造成漏筋。因此,下料时混凝土应搭配均,避免局部石多浆少;模板的缝隙应填塞,防止漏浆。

⑤ 安全注意事项:

A. 柱、墙、梁混凝土浇筑时,应措设脚手架,而脚步手架的搭设必须满足浇筑要求。操作人员不得站在模板或支撑上操作,以防高空坠落,造成人身伤亡。

B. 振捣器必须装有漏电保护装置,操作人员须穿戴绝缘手套和胶鞋。湿手不得触摸电器开关,非专业电工不得随意触碰电器。

C. 采用料斗吊运混凝土时,在接近下料位置的地方须减缓速度。在非满铺平台条件下防止在护身栏处挤伤人。采用串筒灌注混凝土时,串筒节间必须连接牢固,以防坠落伤人。

D. 楼板浇水养护时,应注意楼面的障碍物和孔洞,拉移胶管时不得倒退行走。

E. 夜间施工时,用于照明的行灯的电压须低于 36 V,如遇强风、大雾等恶劣气候应停止吊运作业。

7.2.4 抹灰工

1. 抹灰工实习的内容

（1）墙面垂直吊线，作贴饼、冲筋。

（2）普通抹灰打底与罩面，抹石灰砂浆、水泥砂浆、纸筋灰与麻刀灰等。

（3）装饰抹灰打底与罩面，抹干贴石、水刷石，拉毛灰与弹涂等。

（4）混凝土顶棚抹灰。

（5）抹水泥砂浆地面与水磨石地面。

2. 中级抹灰工技术标准

（1）应知：

① 看懂较复杂的施工图。

② 建筑学的一般知识。

③ 抹花饰线角，一般颜料配色，石膏的特性及调制方法。

④抹带有线角的方、圆柱、门头的水刷石及抹、剁假石的操作方法。

⑤ 用模型抹顶棚较复杂线角和攒角的方法，各种装饰花纹线角的比例关系。

⑥ 制作平面花饰的阳模以及软、硬明模，花饰翻制和安装方法。

⑦ 镶贴瓷砖、马赛克、面砖、耐酸砖、大理石和花岗石等操作方法。

⑧ 防水、防腐、耐热、保温等特种砂浆的配制、操作及养护方法。

⑨ 不同气候对抹灰工程的影响及质量通病的防治方法。

⑩ 班组管理知识。

⑪ 本工种施工方案的编制知识。

（2）应会：

① 抹水泥方、圆柱以及楼梯（包括栏杆、扶手、出檐、踏步）并弹出线分步。

② 水刷石、假石、干粘石墙面（包括分格画线）、窗台及水泥拉毛，剁平面假石。

③ 镶贴各种缸砖、水泥花砖、预制水磨石、瓷砖、马赛克、面砖和大理石等的墙面、地面、方柱、圆柱及柱墩、柱帽。

④ 抹防水、防腐、耐热、保温等特种砂浆（包括配料）及养护。

⑤ 抹带有线的水刷石、假石腰线、门头、方柱、圆柱以及柱墩、柱帽。

⑥ 做普通美术水磨石地面和平共处挑口的美术水磨石楼梯。

⑦ 抹石膏或水砂罩面（包括搓麻丝平顶）。

⑧ 用模型扯顶棚较复杂线角和攒角（包括反光灯槽）。

⑨ 按详图放样板。

⑩ 按图计算工料。

（3）顶棚抹灰的做法与注意事项：

① 混凝土顶棚抹灰的做法。

A. 搭设脚手架，一般搭设满堂红脚手架，架子高度以一人高加 10cm 为宜。

B. 清扫基层，浇水润湿。

C. 如为预制楼板，应用1：2水泥砂浆勾缝，凹洼不平处用1：2水泥砂浆填平。

D. 根据顶棚的水平面，确定抹灰厚度，在靠近顶棚的墙面上弹水平线，作为找平的依据。

E. 抹底子灰，可用素灰（水泥浆）或用1：0.5：1（水泥：灰膏：砂）混合砂浆抹一层，厚2~3 mm。

F. 抹二遍灰时，可用1：3：9混合砂浆，厚约6 mm，往返抹压3~5遍，并用刮尺刮平，木抹子搓平。

G. 抹罩面灰时，可用纸筋灰或麻刀灰，厚度约2 mm。

② 注意事项：

A. 抹头遍灰（打底子灰）时必须与预制板缝或模板纹相垂直，不能顺着板缝抹，以使砂浆挤入缝隙，黏结牢固。

B. 抹灰厚度应越薄越好，以避免掉灰。

C. 抹二遍找平灰要紧跟底子灰，以保证黏结牢固，如底层灰吸水快，应随时洒水。

D. 抹罩面灰时，须待二遍发到六七成干时（用手指按之不软，无指印）才能进行。

E. 顶棚压光时，应根据气温情况掌握好时间，压光的时间太早灰不干，会出现气泡和抹纹；压光的时间太迟，则因灰干硬而压不平。

（4）内墙抹灰的做法与注意事项：

① 内墙抹灰的做法。

A. 先清理基层，浇水润湿。

B. 挂线，做灰饼。为了有效地控制抹灰层的垂直度、平整度与厚度，做出灰饼以作为抹灰的依据。做灰饼时，先用托线板对墙面进行全面检查，按墙面的平整度、垂直度决定抹灰层的平均厚度。在距顶棚15~20 cm处，各按已确定的抹灰厚度抹上部两个灰饼，并以此两灰饼为依据拉好准线，每隔1.5 mm左右做一灰饼，间距不宜太大，然后以上部发饼为依据用线锤吊直做下边的灰饼，要求离地20 cm左右。灰饼大小以5 cm^{2}为宜。

C. 冲筋。灰饼的砂浆收水后，即可做冲筋，在垂直方向的灰饼间抹出竖灰埂，宽6~7 cm，厚度略高于灰饼，然后以灰饼的厚度为准用刮尺将带刮到与灰饼面平，即成冲筋。

D. 打底。在两条冲筋的墙上，用1：3石灰砂浆薄薄地自上而下抹一遍灰，厚度为5 mm，底子灰抹完后，最后用木抹子搓平。

E. 罩面。待底子灰有五六成干后，进行抹罩面灰，如底子灰过干应浇水湿，罩面灰有纸筋灰和麻刀灰，抹两遍成活，厚度约2 mm。

F. 抹门窗洞口护角线。为使墙角垂直、方正，并防止碰撞面损坏，一般都要用1：3水泥砂浆做护角线。根据抹灰层厚度在墙角一面抹上砂浆，粘贴靠尺，用目测或线锤吊直，用钢筋卡卡紧；在墙角另一面抹上砂浆和靠尺找平，抹完后取下靠尺，贴在扶完砂浆的一面，抹另一面，待砂浆稍干，用捋角捋出小圆角。

② 注意事项：

A. 抹内墙底子灰时，须待灰筋稍干硬后再做，以免将灰筋刮坏而发生凸凹不平现象；但又不宜在灰筋完全干后再打底，以防砂浆收缩而出现灰筋高出墙面的现象。

B. 若先抹灰后做地面、墙裙或踢脚线和护角线时，须在房间四角处留出抄平的墨线，并把墙裙或踢脚线上口5 cm处及墙角两边各5 cm处的灰浆切成直搓，清理干净，以免起鼓。

（5）外墙面抹水泥砂浆的做法与注意事项：

① 外墙面抹水泥砂浆的做法。

A. 做灰饼时，除要求拉水平横线外，还要沿楼层全高上下垂直吊正，每步架要做一个灰饼。

B. 抹底子灰。用 1∶3 水泥砂浆，厚约 5 mm，刮平后要划痕，以使面层与底子灰能很好地黏结。

C. 粘米厘条。室外抹灰一般面积较大，为了增加墙面美观，不显露接挂，同时避免水泥砂浆收缩裂缝，通常在抹灰时粘米厘条进行分格。粘贴前，米厘条应在粘贴前浸泡，以防变形，且便于粘贴，便于起出；粘贴时，将米厘条对准事先弹好的分格线，两侧和水泥浆抹成八字形斜角固定；米厘条粘好后用刮尺校正其平整度，然后抹罩面灰。

D. 抹罩面灰。做罩面用 1∶2.5 或 1∶2 水泥砂浆，分两遍抹，先薄薄地抹一遍，随着抹第二遍，用刮杠刮平，与分格米厘条相平，最后用钢片抹子抹光。将分格米厘条表面的灰尘清除干净。当天粘的米厘条，罩面交活后即可起出，隔底后则须持水泥砂浆达到强度方能起出。

E. 水泥砂浆罩面成活 24 h 后要进行浇水养护。

② 注意事项：

A. 水泥砂浆较混合砂浆凝结硬化快，所以在初凝时应立即压光，同时要掌握好气温高低和墙面浇水，以利操作。当墙面较干时，罩面灰不易压光，用劲过大会造成罩面灰与底子灰分离空鼓或把水泥砂浆压成黑色。所以在墙面较平时，须洒水再压；当墙面较湿不吸水时，罩面灰不干，这时可在表面微一些水泥，吃浆后再压。

B. 为了使抹灰墙面色泽一致，要用同一品种规格的水泥和同一配合比。

C. 室外抹灰一般都有防水要求，对挑出墙面的檐口、窗台、阳台、雨篷等的底面要做滴水槽，以免雨水顺墙下淌。

（6）地面抹灰的做法与注意事项：

① 水泥砂浆地面的做法。

A. 将基层清理干净，如垫层为水泥炉渣则必须拍实以防地面沉裂空鼓。用水将地面泥垢灰尘冲刷干净后，撒一层水泥，喷水，用扫帚扫匀。

B. 做灰饼：根据房间内水平线（预先抄平弹好的离地面一定高度的水平线），往下反至地面上平，四周做好灰饼。用小线按两边的灰饼做出中间灰饼，如室内有泄漏，要求有坡度，应在做灰饼时找好坡度。

C. 冲筋：如房间开间较小，直接用长木杠冲筋；如房间较大，则需用灰冲筋，将砂浆铺在灰饼中间，用抹子拍实，用长木杠搓至与灰饼平，冲成筋。两筋的间距一般为 1 m。

D. 铺灰抹平：在灰筋间铺 1∶2 水泥砂浆，比冲筋略高，再用刮子以冲筋为准刮平、拍实。待砂浆收水后，用木抹子搓平，要求把死坑、砂眼、脚印都压平。

E. 压光。压光工作应三遍成活。第一遍抹水光，在初凝前完成，要求压得轻些，尽量使抹子纹浅一些；第二遍压光要等到水泥砂浆干燥（人踩上去虽有脚印但不下陷），要求在压平头遍之后，水泥砂浆地面凝结至人踩上去，有脚印但不下陷时；第三遍压光要等到抹子抹上去不再有抹子纹时开始，这一遍压光用劲要稍大些，要求至没有抹痕为止。

F. 养护：交活 24 h 后，铺上锯末或草袋，浇水养护。

② 注意事项：

A. 水泥砂浆地面不宜多次反复压实、抹光，否则会将砂浆过多地挤出表面，破坏砂浆与基层的黏结，便面层与基层分离，造成面层起壳。

B. 压光工作应在砂浆终凝前完成，要掌握好"火候"，及时进行。

C. 面积较大的地面，应分格劈缝，以防裂开。

7.2.5 钢筋工

1. 钢筋工实习内容

（1）钢筋种类、外形特征。

（2）了解点焊、对焊、弧焊的工艺过程。

（3）钢筋冷加工及施工工艺。

（4）基础、柱、梁、板、过梁、雨篷、楼梯等钢筋安装。

（5）受力筋搭接长度、绑扎点位置。

（6）各构件保护层厚度。

（7）了解钢筋的挤压连接、锥螺纹连接、直螺纹连接、电渣压力焊。

2. 中级钢筋工技术标准

（1）应知：

① 制图的基本知识，看懂较复杂的钢筋混凝土施工图。

② 建筑力学和钢筋混凝土构件受力的一般理论知识。

③ 钢筋的代换知识，常用焊条的品种、规格和性能。

④ 编制钢筋配料单的步骤和方法。

⑤ 各种钢筋的化学成分、焊接的技术质量要求和冷加工后的技术质量标准。

⑥ 混凝土施工缝的留设位置和要求。

⑦ 钢筋混凝土结构中钢筋的施工操作程序。

⑧ 各种预应力作业的基本知识和操作方法。

⑨ 各种锚、夹具、张拉设备的使用和维护保养方法。

⑩ 本工种与其他工种之间的工作步骤和联系。

⑪ 班组管理知识。

⑫ 本工种施工方案的编制知识。

（2）应会：

① 放钢筋大样图和编制钢筋配料单。

② 按图配制、绑扎吊车梁、牛腿、拱形屋架、烟囱、水塔和煤斗等复杂的钢筋。

③ 主持各种钢筋混凝土结构中钢筋的配制和绑扎。

④ 钢筋对焊、气压焊和竖向电渣压力焊。

⑤ 主持一般预应力混凝土工程的全部张拉工艺操作。

⑥ 钢筋工程质量检测、校正和评定。

⑦ 根据施工图，结合现场情况，提出合理的钢筋加工方案和节约配料方案。

⑧ 按图计算工料。

（3）现浇框架钢筋绑扎操作程序与技术要求：

① 对基础或下层伸出钢筋进行整理。将有锈皮、水泥浆和污垢的钢筋清理干净，并进行理直；若发现伸出钢筋位置与设计要求位置出入大于允许偏差，应进行调整，其方法可参照大模板墙体。

② 按图纸要求计算中心好每根（段）柱子所需箍筋数量，按箍筋接头交错布置原则先理好，一次性套在伸出筋上，然后立竖筋。竖筋和伸出筋的接头的方法可采用绑扎搭接、绑条焊接、电渣焊接、气压焊和挤压连接等。绑接绑扣不得少于 3 扣（应在接头中心和两端用铁丝扎牢），绑扣朝里，便于箍筋向上移动；若竖筋是圆钢，搭接时弯钩朝柱心，四角钢筋弯钩应与模板成 45°，中部竖筋的弯钩应与模板成 90°，不应向一边歪斜。多边形柱角筋弯钩与模板的角度为模板内角的平分角；圆形柱钢筋弯钩应与模板切线垂直；小型截面柱，弯钩与模板的角度不得小于 15°。

③ 在立好的竖筋上用色笔划出箍筋间距，然后将套好的箍筋往上移动，由上往下绑扎，四角宜用缠扣。

④ 箍筋绑扎的几点注意事项。

A. 箍筋与主筋要互相垂直，箍筋转角与主筋交点均要绑扎，主筋与箍筋非转角部分交点可用梅花式交错绑扎。箍筋的接头（即弯钩叠合处）应沿柱子竖向交错布置，见图 7.10。

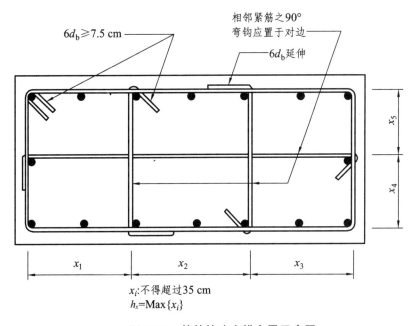

图 7.10　箍筋接头交错布置示意图

B. 有抗震要求的柱子，箍筋弯钩应弯成 135°，平直部分长度不小于 10d（ d 为箍筋直径），见图 7.11。

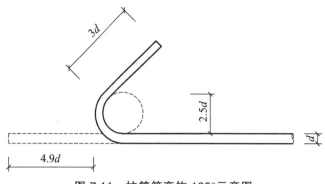

图 7.11　柱箍筋弯钩 135°示意图

C. 箍筋采用 90°格接时，搭接处应焊接，单面焊焊接长度不小于 10d，如图 7.12 所示。

D. 柱基、柱顶、梁柱交接处，箍筋间距应按设计要求加密。

E. 受力钢筋接头位置不宜位于最大弯矩处，并应互相错开。绑扎接头任一搭接长度区段内的受力钢筋截面面积占受力钢筋总截面面积百分率应符合受拉区不得超过 25%、受压区不得超过 50%的规定。

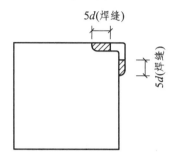

图 7.12　箍筋接头焊接示意图

F. 绑扎接头长度应符合设计要求，如设计无明确要求时，纵向受拉钢筋头长度应按表 7.4 规定采用，受压钢筋绑扎接头的搭接长度应按表 7.4 规定数值的 0.7 倍取用。

G. 垫保护层。用砂浆垫块时，垫块应绑在竖筋外皮上：用塑料卡时，应卡在外排钢筋上，间距一般 1 000 mm 左右，以保证主筋保护层厚度的正确。

H. 设计要求箍筋设拉筋时，拉筋应钩住箍筋，如图 7.13 所示。

图 7.13　柱拉筋示意图

I. 当柱截面尺寸有变化时，柱钢筋收缩位置、尺寸应符合设计要求，收缩时宽高比为 1∶6。

表 7.4　受拉钢筋绑扎接头的搭接长度

钢筋类型		混凝土强度等级		
		C20	C25	≥C30
Ⅰ 级钢筋		35d	30d	25d
月牙纹	Ⅱ 级钢筋	45d	40d	35d
	Ⅲ 级钢筋	55d	50d	45d
冷拔低碳钢丝		≥300 mm		

注：当级钢筋直径 d≥25 mm 时，其受拉钢筋的搭接长度应按表中数值增加 5d；当螺纹钢筋直径 d≤25 时，其受拉钢筋的搭接长度中数值减少 5d。在任何情况下，纵向受拉钢筋的搭接长度不应小于 300 mm；当当混凝土在凝固过程中易受扰动时（如滑模施工），受力钢筋的搭接长度适当增加 10g；有抗震要求的钢筋，其搭接长度相应增加，一级抗震等级相应增加 10d，二级抗震等级相应增加 5d。

J. 为保证柱伸出钢筋位置准确，应采取以下措施：

a. 外伸部分钢筋加1~2道临时箍筋，按图纸位置安好，然后用样板、铁卡好固定。

b. 浇筑混凝土前再复查一遍，如发生移位，应立即校正。

c. 注意浇筑混凝土和振捣操作，尽量不碰撞钢筋；在混凝土浇捣过程中，应有专人随时检查，及时纠正。

K. 柱子钢筋也可先绑扎成骨架，整体安装。整体安装时，应保证起吊过程中不使钢筋变形。

7.3　道桥施工技术

7.3.1　路基施工

1. 路堤施工

（1）基底处理。

① 填方路段应将路基范围内的树根全部挖除并将坑穴填夯实。填土范围内原地面表层的种植土、草皮等应予清除，清除深度一般不小于 15 cm。清除出来的含有许多植物根系的表土可以铺在路边坡上，以利植物生长，起到边坡防护作用。

② 路堤基底清理后应予以压实，在深耕（>30 cm）地段，必要时应先将土翻松、打碎，再整平、压实。经过水田、池塘、洼地时，应根据具体情况采用排水疏干、换填水稳性好的土、抛石挤淤等处理措施，确保路堤的基底具有足够的稳定性。

③ 地面横坡为 1:5~1:2.5 时，原地面应挖成台阶，台阶宽度不小于 1 m；地面横坡陡于 1:2.5 时，应作特殊处理，防止路堤沿基底滑动。常用的处理措施有：

A. 经验算下滑力不大时，先清除基底表面的薄层松散土，再挖宽1~2 m台阶，但坡脚附近的台阶宜宽一些，通常为 2~3 m（见图 7.14）。

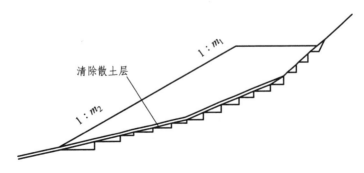

图 7.14　改善基底措施之一

B. 经验算下滑力较大或边坡下部真筑土层太薄时，先将基底分段挖成不陡于 1:2.5 的缓坡，再在缓坡上挖宽 1~2 m 的台阶，最下一级台阶亦宜宽一些（见图 7.15）。

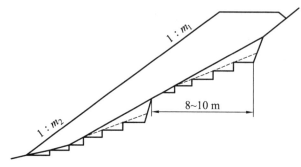

图 7.15　改善基底措施之二

C. 若坡脚附近地面横坡比较平缓时,可在坡脚处作土质护堤或砌片垛护堤(见图 7.16)。护堤最好用渗水性土填筑,但用与路堤相同的土填筑亦可。片石分层干砌,里外咬合紧密,不得只砌表面而内部任意抛填。片石垛的断面尺寸应通过稳定性检算确定。

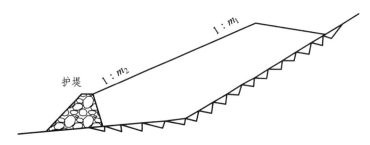

图 7.16　作路堤坡脚护堤

(2)填料的选择。

① 一般的土和石都可以用作路堤的填料。用卵石、碎石、砾石、粗砂等透水性良好的填料,只要分层填筑分层压实,可不控制含水量;用黏性土等透水性不良的填料,应在接近最佳含水量情况下分层填筑与压实。

② 淤泥、沼泽土,含残余树根和易于腐烂物质的土,不能用作填筑路堤。液限大于50%及塑性指数大于26的土,透水性很差,且干时坚硬难挖,具有较大的可塑性、黏结性和膨胀性,毛细现象也很显著,浸水后能长时间保持水分,因而承载力很低,故一般不作为路堤填料;如非用不可,应在接近最佳含水量情况下充分压实,并设置完善的排水设施。

③ 含盐量超过规定的强盐渍土和过盐渍土不能作为高等级公路的填料;膨胀土除非表层非膨胀土封闭,一般也不宜作高等级公路的填料。

④ 工业废料是较好的填料。通常应用于筑路的工业固体废料有:采矿工业废料,如铜矿、铁矿、磷酸盐矿、石膏、煤矿等开采相加工过程中产生的废料;硫酸盐、磷酸盐、铝、水泥生产工业废料;燃煤工业废料,如粉煤灰、底灰和炉渣;冶金工业矿渣。

上述废料中粉煤灰、煤矸石和冶金矿渣合称为三大工业废料渣,其中在道路工程中较为常用的有粉煤灰、煤矸石、磷石膏等。

应当指出:有多种料源可供选择时,应优先选用那些挖取方便、压实容易、强度高、水稳性好的土料。路堤受水浸淹部分,应尽量选用水稳性好的填料。

(3)路堤填筑方式。

① 路堤宜采用水平分层填筑,即按照横断面全宽分成水平层次,逐层次向上填筑。如原

地面不平，应从最低处分层填起，每填一层经过压实符合规定要求后，再填上一层。当原地面纵坡大于 12%，可采用纵向分层填筑法施工，即沿纵坡分层，逐层填压密实。但填至路堤的上部，仍应采用水平分层填筑法。

② 在同一路段上要用到不同性质填料时，应注意：

A. 不同性质的填料要分别分层填筑，不得混填，以免内部形成水囊或薄弱面，影响路堤稳定。

B. 路堤上部受车辆荷载的作用影响较大，故一般宜将水稳性、冻稳性较好的土填在上部；但路堤的下部可能受水浸淹时，也应该用水稳性好的土填筑。

C. 透水性较大的土填在透水性较小的土之下时，如果两者粒径相差悬殊，应在层间加铺过渡垫层，以免上层的细颗粒散落到下层内；如果送水性较小的土填在透水性较大的土之下时，其表面应作成 4% 的双向向外横坡，以免积水。

D. 沿纵向同层次要改变填料种类时，应作成斜面衔接，且将透水性好的填料置于斜面的上面为宜。

E. 填方相邻作业段交接处若非同时填筑，则先填路段应按 1:1 坡度分层留好台阶。若同时填筑，则应分层相互交叠衔接，搭头长度不得小于 2 m。

（4）路基压实。

路基压实是保证路基质量的重要环节，路堤、路堑和路堤基底均应进行压实，且技术等级越高的公路，对路基的压实要求越严格。路基压实的作用，是提高填料的密实度，减小孔隙率；增强填料颗粒之间的接触面，增大凝聚力或嵌挤力，提高内摩阻力，减少形变，为路面的正常工作提供良好的基础。

① 土质路基的压实。

土质路基的压实过程，其本质上是土体在压力作用下，克服土颗粒间的内聚力和摩擦力，使原有结构受到破坏，固体颗粒重新排列，大颗粒之间的间隙被小颗粒所填充，变成密实状态，达到新的平衡。在施工作业中，表现为土壤的体积被压缩，而达到一定程度后，这个过程不再持续，这是因为在颗粒重新排列后，土中气体被挤出，由快变缓，最终趋于结束。这时，作用于土体的压力，只能引起弹性变形，而压力过大时，则可能使土壤产生剪切破坏，影响土体强度。

路基压实状况通常用压实度来表征。压实度是指土压实后的干密度与标准的最大干密度之比，用百分率表示，亦称干密度系数（或相对密实度）。所谓标准的最大干密度，是指用标准击实试验方法，在最佳含水量条件下得到的干密度。

一般填土路堤压实施工工序流程如图 7.17 所示。

② 现场压实度的评定。

当前现场测定路基土密度的主要方法：

A. 环刀法。它是一种破坏性的量测方法。优点是设备简中、使用方便。但此法只适宜于测走不合集料的黏性土的密度。

B. 灌砂法。是一种破坏件量测方法，它适合于细粒土、中粒土的密实度测定。试验时先在拟测量的地点，以层厚为开挖深度，凿一试洞，开挖时仔细将全部土料收集于一个带盂容器中，并采取密封措施使其含水量不致受损失，及时称质量和取有代表性的样品作含水量试验，然而采用灌砂法测定试洞的容积。

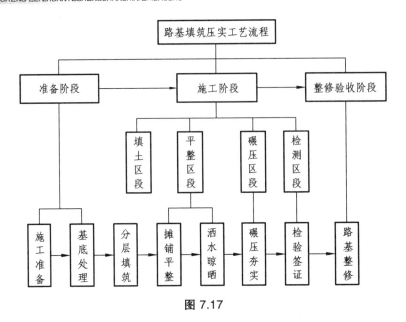

图 7.17

C. 利用核子密度计测定。这是一种非破坏测定方法。它利用放射性元素（Y 射线和中子射线）测量土的密度和含水量。这些仪器能在现场快速测定土基密度、含水量，满足施工现场土基压实度快速、无破损检测的要求，同时还具有操作方便、明显直观的优点。

③ 土石混填路堤压实。

土石混填路堤的压实方法与技术要求，应根据混合料中巨粒土的含量多少确定。当混合料中巨粒土（粒径大于 200 mm 的颗粒）含量多于 70% 时，其压实作业接近于填石路堤，应按填行路堤的方法和要求进行；当混合料巨粒土的含量低于 50% 时，其压实作业接近于填土路堤。

④ 高填方路堤。

高填方路堤的基底承受路堤土本身的荷载很大，因此对基底应进行场地清理，并按照设计要求的基底承压强度进行压实。设计无要求时，基底的压实度不应小于 90%。当地基松软仅依靠对厚土压实不能满足设计要求的承压强度时，应进行地基加固处理，以达到设计要求。当基底处于陡峻山坡上或谷底时，应作挖台阶处理，并严格分层填筑压实。当场地狭窄时，压实工作宜采用小型的手扶式振动压路机或振动夯进行；当场地较宽广时应采用自行式 12 t 以上的振动压路机碾压。

（5）桥涵等构造物处的填筑。

① 桥台台背、涵洞两侧及涵顶、挡土墙墙背的填筑在构造物基本完成后进行，由于场地狭窄，又要保证不损坏构造物，填筑压实比较困难，而且容易积水。所以要注意选好填料和认真施工。

A. 填料。一般应选用渗水性土填筑；台背顺路线方向，上部距翼墙尾端不少于台高加 2 m，下部距基础内缘不少于 2 m；拱桥台背不少于台高的 3~4 倍；涵洞两侧不少于孔径的 2 倍；挡土墙墙背回填部分，若台背采用渗水土有困难时，在冰冻地区自路堤顶面起 2.5 m 以下，非冰冻地区高水位以下，可用与路堤相同的填料填筑。特别要注意，不要将构造物基础挖出来的劣质土混入填料中。

B. 填筑。桥台背后填土应与锥坡填土同时进行，涵洞、管道缺口填土，应在两侧对称均匀回填；涵洞填土的松铺厚度为 50～100 cm 时，不得通过重型车辆或施工机械；靠近构造物 100 cm 范围内不得有大型机械行驶或作业。

C. 排水。桥涵等结构物处填土，在施工中要防止雨水流入；对已有积水应挖沟或用水泵将其排除。对于地下渗水，可设盲沟引出。当不得不用非渗水土填筑时，应在其上设置横向盲沟或用黏土等不透水材料封顶。挡土墙墙背应作好反滤层，使水能顺利地从泄水孔流出去。

D. 压实。应在接近最佳含水量状态下分层填筑，分层压实。每层松铺厚度不宜超过 20 cm。密实度应达到设计要求。如设计无专门规定，则按路基压实度标准执行。用非渗水土填筑时，必须加强压实措施或对填土性能进行改善处理(如掺生石灰)，以提高强度和减少雨水的渗入。

② 为了保证填土压实质量，在比较宽阔的部位应该尽量使用大型压实机械，只是在临近构造物边缘及涵顶 50 cm 内，才采用小型夯压机械，分薄层认真夯压密实。夯压遍数应通过试验确定，以达到压实度要求为准。

③ 适用于构造物处填土压实的小型机械，有蛙式打夯机、内燃打夯机、手扶式振动压路机、振动平板夯等。

2. 路堑施工

（1）路堑施工就是按设计要求进行挖掘，并将挖掘出来的土方运到路堤地段作填料，或运往弃土地点。路堑是由天然地层构成的，天然地层在生成和演变的长期过程中，一般具有复杂的地质结构。处于地壳表层的路堑边坡，开挖暴露于大气中，受到各种自然和人为因素的影响，比路堤边坡更容易发生变形和破坏。路堑边坡的稳定与施工方法有着密切的关系，如施工开挖边坡过陡、弃土堆距坡顶太近、施工中排水不良、支挡工程未及时做好，都会引起边坡失稳，发生坍滑。

（2）路堑开挖方式应根据路堑的深度和纵向长度，以及地形、土质、土方调配情况和开挖机械设备条件等因素确定，以加快施工进度和提高工作效率。

3. 横挖法

从路堑的一端或两端按横断面全宽逐渐向前开挖，称为横挖法。这种开挖方法适用于较短的路堑。

路堑深度不大时，可以一次挖到设计标高（见图 7.18）；路堑深度较大时，可分成几个

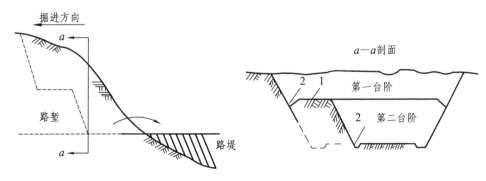

图 7.18　单层横挖法

台阶进行开挖（见图 7.19），各层要有独立的出土道和临时排水设施。分层横挖使得工作面纵向拉开，多层多向出土，可以容纳较多的施工机械，加快了开挖速度。若用挖掘机配合自卸汽车进行，台阶高度可采用 3~4 m。

图 7.19　分层横挖法

4. 纵挖法

沿路堑纵向将高度分层次依次开挖。纵挖法适用于较长的路堑。

如果路堑的宽度及深度都比较大，可以按横断面全宽纵向分层挖掘，称为分层纵挖法；如果路堑的宽度及深度都比较大，可沿纵向分层、每层先挖出一条通道，然后开挖两旁，称为通道纵挖法，通道可作为机械通行或出口路线，以加快施工速度；如果路堑很长，可在适当位置将路堑的一侧横向挖穿，把路堑分成几段，各段再采用上述纵向开挖，称为分段纵挖出法。分段纵挖法适用于傍山长路堑。

7.3.2　半刚性基层施工

在我国，高等级公路半刚性基层施工中，混合料的拌和方式有路拌法和厂拌法，其摊铺方式有人工和机械两种。从施工程序来看，一般是先通过修筑试验路段，制订标准施工方法后进行大面积施工。

1. 修筑试验路段

（1）在进行大面积施工之前，修筑一定长度的试验路段。目前在我国高等级公路基层修筑实践中，许多施工单位通过修筑试验路段，进行施工优化组合，把主要问题找出来，并加以解决，由此提出标准施工方法用以指导大面积施工，从而使整个工程施工质量高、进度快，经济效益显著。

（2）修筑试验路段的任务：检验拌和、运输、摊铺、碾压、养生等计划投入使用设备的可靠性；检验混合料的组成设计是否符合质量要求及各道工序的质量控制措施；提出用于大面积施工的材料配合比及松铺系数；确定每一作业段的合适长度和一次铺筑的合理厚度；提出标准施工方法。标准施工方法主要内容包括：集料与结合料数量的控制；摊铺方法；合适的拌和方法，拌和速度、拌和深度与拌和遍数；混合料最佳含水量的控制方法；整平和整形的合适机具与方法；压实机械的组合、压实的顺序、速度和遍数；压实度检查方法及每一作业段的最小检查数量。若采用集中厂拌和摊铺机摊铺，应解决好机械的选型与配套问题。

2. 半刚性基层的大面积施工

（1）路拌法施工。

主要工序：准备下承层→施工测量→备料→摊铺→拌和→整平与碾压成型→初期养护。

① 下承层准备与施工测量。施工前对下承层（底基层或土基）按质量验收标准进行验收，并精心加工。之后，恢复中线。直线段每 20～25 m 设一桩，平曲线段每 10～15 m 设一桩，并在两侧路面边缘设计标高及松铺厚度的位置。

② 备料。所用材料应符合质量要求，并根据各路段基层（底基层）的宽度，计算各路段需要的干计算各路段需要的干燥集料数量。根据混合料的配合比、材料的含水量以及所用车辆的吨位，计算各种材料每车料的堆放距离，对于水泥、石灰等结合料，常以袋（或小翻斗车）为计量单位，故应计算出每袋结合料的堆放距离。也可根据各种集料所占的比例及其松干密度，计算每种集料松铺厚度，以控制集料施工配合比，而对结合料（水泥、石灰等）仍以每袋的摊铺面积来控制剂量。

③ 摊铺与拌和：用平地机、推土机或人工投试验路段所求得的松铺系数进行摊铺，摊铺工作就绪后，就可使用稳定土路拌机进行拌和作业。工作速度以 1.2～1.5 km/h 最为适宜。当然，不同的拌和条件，最佳拌和速度是不同的。在拌和开始阶段要反复检查拌和深度，是否留有"夹层"或切入下承层太深。拌和路线应自基层的最外沿向中心线靠拢。拌和中适时测定含水量，如含水量大于最佳时，应进行自然蒸发，使含水量达到最佳值。若含水量小于最佳值，应补充洒水进行拌和。一般在摊铺洒水时，用水量应稍大些，这样可避免二次拌和所造成的浪费。

④ 碾压：拌和好的混合料以平地机整平至路拱，然后进行压实作业。无机结合料稳定类结构层应用 12 t 以上的压路机碾压。用 12～15 t 三轮压路机碾压时，每层的压实厚度不应超过 15 cm；用 18～20 t 的三轮压路机碾压时，每层的压实厚度不应超过 20 cm。对于稳定中粒土和粗粒土，采用能量大的振动压路机时，每层的压实厚度根据试验确定，压实厚度超过上述规定时，应分层铺筑，每层的最小压实厚度为 10 cm。压实应遵循"先轻后重、先慢后快"的原则。在直线段，由两侧路肩向路中心碾压，即先边后中；在平曲线段，由内侧路肩向外侧路肩进行碾压。

碾压过程中，如有"弹簧"、松散、起皮等现象，应及时翻开重新拌和或用其他方法处理，使其达到质量要求。在碾压结束之前，用平地机再终平一次，使其纵向顺适，路拱和超高符合设计要求。

⑤ 养生与交通管理：重视保湿养生，养生时间应不少于 7d。水泥稳定类混合料碾压完成后，即刻开始养生；二灰稳定类混合料是在碾压完成后的第二或第三天开始养生。养生期结束，应立即铺筑沥青面层或做下封层。基层上未铺封层或面层时，不应开放交通。当施工中断，临时开放交通时，也应采取保护措施。

（2）厂拌法施工。

厂拌法施工前，应先调试拌和设备。调试的目的在于找出各料斗闸门的开启刻度（简称开度）以确保按设计配合比拌和。先要测定各种原材料的流量-开度曲线，然后按厂拌设备的实际生产率及各种原材料的设计重量比计算各自的要求流量，从流量-开度曲线上可查出各个闸门的刻度。按得出的刻度试拌一次，测定其级配、含水量及结合料剂量，如有误差则个别调整后再试拌。一般试拌一两次即可达到要求。拌和生产中，含水量应略大于最佳值，使混合料运到现场摊铺后碾压时的含水量不小于最佳值，按照合同或规范要求，在拌和厂抽检混合料的配合比。将拌和好的混合料送到现场，如运距远，车上混合料应覆盖，以防水分损失过多。用平地机、摊铺机、摊铺箱或人工按松铺厚度摊铺均匀，如有粗细颗粒离析现象，应以机械或人工补充拌和；如果采用摊销机施工，厂拌设备的生产率、运输车辆及摊铺机的生产率应尽可能配套，以保证施工的连续性。其他工序同路拌法。

我国高等级公路的半刚性基层施工多采用集中厂拌和摊铺机摊铺，修筑的基层平整度、高程、路拱、纵坡和厚度都达到了规范或合同的要求。由此避免了人工或平地机施工中配料不准、拌和不匀、反复找平、厚度难以控制等问题，不仅提高了工程质量，而且加快了工程进度。实践证明：提高高等级公路基层施工质量的根本出路在于机械化。因此，我们建议，基层施工应尽可能采用集中厂拌和摊铺机摊铺的施工方法。当条件不具备时，底基层施工方可采用路拌和人工摊铺。

7.3.3　路面施工

1. 沥青类路面的施工与质量控制

（1）洒铺法沥青路面面层的施工。

用洒铺法施工的沥青路面面层，包括沥青表面处治和沥青贯入式两种。其施工过程如下：

① 沥青表面处治。

A. 沥青表面处治是用沥青和细粒矿料分层铺筑成厚度不超过 3 cm 的薄层路面面层。由于处治层很薄，一般不起提高强度作用，其主要作用是抵抗行车的磨耗、增强防水性、提高平整度改善路面的行车条件。

B. 沥青表面处治通常采用层铺法施工。按照洒布沥青及铺撒矿料的层次多少，沥青表面处治可分为单层式、双层式和三层式三种。单层式为洒布一次沥青，铺撒一次矿料，厚度为 1.0 ~ 1.5 cm；双层式为洒布二次沥青，铺撒二次矿料，厚度为 2.0 ~ 2.5 cm；三层式为洒布三次沥青，铺撒三次矿料，厚度为 2.5 ~ 3.0 cm。

C. 沥青表面处治所用的矿料，其最大粒径应与所处治的层次厚度相当。矿料的最大与最小粒径比例应不大于 2，介于两个筛孔之间颗粒的含量应不少于 70% ~ 80%。

D. 层铺法沥青表面处治施工，一般采用所谓"先油后料"法，即先洒布一层沥青，后铺撒一层矿料。以双层式沥青表面自治为例，其施工程序如下：

备料→清理基层及放样→浇洒透层沥青→洒布第一次沥青→铺撒第一层矿料→碾压→洒布第二层沥青→铺撒第二层矿料→碾压→初期养护。

E. 单层式和三层式沥表面处治的施工程序与双层式相同，仅需相应地减少或增加一次洒布沥青、铺撒一层矿料和碾压工序。

F. 层铺法施工各工序的要求分述如下：

a. 清理基层在表面处治层施工前，应将路面基层清扫干净，使基层的矿料大部分外露，并保持干燥。对有坑槽、不平整的路段应先修补和整平，若基层整体强度不足，则应先予补强。

b. 沥青要洒布均匀，不应有空白或淤积现象，以免日后产生松散、壅包或堆坑等病害。采用汽车洒布机洒布沥青时，应根据单位的沥青用量选定洒布机排挡和油泵机挡。洒布汽车行驶的速度要均匀。若采用手摇洒布机洒布沥青时，应根据施工气温和风向调节喷头离地面的高度和移动的速度，以保证沥青洒布均匀，并应按洒布面积来控制单位沥青用量。

　　c. 铺撒矿料。洒布沥青后应趁热迅速铺微矿料，按规定用量一次撒足，矿料要铺撒均匀。局部（或多处）有缺料时，应适当找补或扫除。矿料不应有重叠或漏空现象。

　　d. 碾压。铺撒矿料后随即用 60～80 kN 双轮压路机或轮胎压路机及时碾压。碾压应从一侧路缘向路中心进行。碾压时，每次轮迹重叠约 30 cm，碾压 3～4 遍。压路机行驶速度开始为 2 km/h，以后可适当提高。

　　e. 初期养护。碾压结束后即可开放交通，但应禁止车辆快速行驶（不超过 20 km/h），要控制车辆行驶的路线，使路面全幅宽度获得均匀碾压，加速处治层反油稳定成型。对局部泛油、松散、麻面等现象，应及时修整处理。

　　（2）沥青贯入式路面。

　　① 沥青贯入式路面是在初步碾压的矿料层上洒布沥青，再分层铺撒嵌缝料、洒布沥青和碾压，并借行车压实而成的。其厚度一般为 4～8 cm。

　　② 沥青贯入式路面具有较高的强度和稳定性，其强度的构成，主要依靠矿料的嵌挤作用和沥青材料的黏结力。由于沥青贯入路面是一种多孔隙结构，为了防止路表水的浸入和增强路面的水稳定性，其面层的最上层必须加铺封层。

　　③ 沥青贯入式面层的施工程序如下：

　　整修和清扫基层→浇洒透层或黏层沥青→铺撒主层矿料→第一次碾压→洒布第一次沥青→铺撒第一次嵌缝料→第二次碾压→洒布第二次沥青→铺撒第二次嵌缝料→第三次碾压→洒布第三沥青→铺撒封面矿料→最后碾压→初期养护。

　　④ 对沥青贯入式路面施工要求与沥青表面处治基本相同，除注意施工各工序紧密衔接不要脱节之外，还应根据碾压机具，洒有沥青量来安排每一作业区的长度，力求在当天施工的路段当天完成，以免因沥青冷却而不能裹覆矿科和产生尘土污染矿粉等不良后果。

　　⑤ 适度的碾压在贯入式路面施工中极为重要。碾压不足会影响矿料挤稳定，且易使沥青流失，形成层次上、下部沥青分布不均。但过度的碾压，则矿料易于压碎，破坏嵌挤原则，造成空隙减少，沥青难以下沉，形成泛油。因此，应根据矿料的等级、沥青材料的标号、施工气温等因素来确定各次碾压所使用的压路机重量。

　　（3）厂拌法沥青路面的施工。

　　厂拌法沥青路面包括沥青混凝土、沥青碎（砾）石等，其施工过程可分为沥青混合料的拌制与运输及现场铺筑两个阶段。

　　① 沥青混合料的拌制与运输。

　　在工厂拌制沥青混合料所用的固定式拌和设备有间歇式和连续式两种。前者系在每盘拌和时计量混合各种材料的重量，而后者则在计量各种材料之后连续不断地送进拌和。在工厂集中拌制沥青混合料通常采用间歇式拌和设备。

　　在拌制沥青混合料之前，应根据确定的配合比进行试拌。试拌时对所用的各种矿料及沥青应严格计量。通过试拌和抽样检验确定每盘热拌的配合比及其总重量（对间歇式拌和机）、各种矿料进料口开启的大小及沥青和矿料的速度（对连续式拌和机）、适宜的沥青用量、拌和时间、矿料与沥青加热温度以及沥青混合料出厂的温度。对试拌的沥青混合料进行试验之后，即可选定施工的配合比。

　　为使沥青混合料拌和均匀，在拌制时，需要控制矿料和沥青的加热温度与拌和温度。经过拌和后的混合料应均匀一致，无细料和粗料分离及花白、结成团块的现象。

厂拌沥青混合料通常用汽车运往铺筑现场，必须根据运送的距离和道路交通状况来组织运输。混合料运输所需的车辆数可按下计算：

$$需要车辆数 = 1 + \frac{t_1 + t_2 + t_3}{T} + \alpha$$

式中　T——一辆容量的沥青混合料拌和与装车所需的时间，min；

　　　t_1——运到铺筑现场所需的时间，min；

　　　t_2——由铺筑现场返回拌和厂所急的时间，min；

　　　t_3——在现场卸料和其他等待时间，min；

　　　α——备用的车辆数（运输车辆发生故障及其他用途时使用）。

沥青混合料运至铺筑现场的温度：石油沥青混合料应不低于130 ℃；煤沥青混合料不低于 90 ℃。沥青混合料应均衡地运送到铺筑现场。如因气温低，运到的混合料已发生冷却结块，应采取加温措施。

② 铺筑。

厂拌法沥青路面的铺筑工序如下：

A．基层准备和放样。面层铺筑前，应对基层或旧路面的厚度、密实度、平拉度、路拱等进行检查。基层或旧路面若有坎坷不平、松散、坑槽等，必须在面层铺筑之前整修完毕，并应清扫干净。为使面层与基层黏结好，在面层铺筑前 4~8 h，在粒料类的基层洒布透层沥青。透层沥青用油（中）-1、2 或油（慢）-1、2 标号的液体石油沥青，或用煤-1 标号的煤沥青。透层沥青的洒布量：液体石油沥青为（0.8~1.0）kg/m²；煤沥青为（1.0~1.2）kg/m²。若基层为旧沥青路面或水泥混凝土路面，则在面层铺筑之前，在旧路面上洒布一层黏层沥青。黏层用油（中）-3、4、5 标号的液体石油沥青，或用煤-4.5 标号的软煤沥青。黏层沥青的洒布量：液体石油沥青为（0.4~0.6）kg/m²；煤沥青为（0.5~0.8）kg/m²。若基层为灰土类基层，为加强面层与基层的黏结，减少水分浸入基层，可在面层铺筑前铺下封闭层。即在灰土基层上洒布（0.7~0.9）kg/m² 的液体石油沥青或（0.8~1.0）kg/m² 的煤沥青后，随即撒铺 3~8 mm 颗粒的石屑，用量为 5 m³/1 000 m²，并用轻型压路机压实。

为了控制混合料的摊铺厚度，在准备好基层之后应进行测量放样，沿路面中心线和四分之一路面宽处设置标桩，标出混合料的松铺厚度。采用自动调平摊铺机摊铺时，还应放出引导摊铺机运行走向和标高的控制基准线。

B．摊铺。沥青混合料可用人工或机械摊铺：

a．人工摊铺。将汽车运来的沥青混合料先卸在铁板上，随即用人工铲运均匀摊铺在路上，摊铺时不得扬铲远抛，以免造成粗细粒料分离。一边摊铺一边用刮板刮风。刮平时做到轻重一致，往返刮 2~3 次达到平整即可，防止反复多利使粗集料刮出表面。摊铺过程中要随时检查摊铺厚度、平整度和路供，如发现有不妥之处应及时修整。

沥青混合料摊铺厚度为沥青路面设计厚度乘以压实系数。压实系数随混合种类和施工方法而异，用人工摊铺时，沥青混凝土混合料为 1.25~1.50、沥青碎石为 1.20~1.45。

沥青混合料的摊铺顺序，应从进料方向由远而近逐步后退进行。应尽可能在全幅路面上摊铺，以避免产生纵向接缝。如路面较宽不能全幅摊铺，可按车道宽度分成两幅或数幅分别摊铺，但接缝必须平行于路中线，纵缝搭接要密切，以免产生凹槽。

沥青混合料的摊铺温度：石油沥青混合料应不低于 100 ~ 120 ℃；煤沥青混合料不低于 70 ~ 90 ℃。

b. 机械摊铺沥青混合料摊铺机有履带式和轮胎式两种，二者的构造和技术性能大致相同。沥青摊铺机的主要组成部分为料斗、链式传送器、螺旋摊铺器、摊平板、行驶部分和发动机等。

沥青混合料摊铺机摊铺的过程是自动倾卸汽车将沥青混合到摊铺机料斗后，经链式传送器将混合料往后传到螺旋摊铺器，随着摊铺车向前行。螺旋摊铺器即在摊铺带宽度上均匀地摊铺混合料，随后由振捣板捣实，并由摊平板整于板整平。

c. 碾压。沥青混合料摊铺整平之后，应趋热及时进行碾压。开始碾压的温度；石油沥青混凝土混合料不高于 100 ~ 120 ℃；煤沥青混凝土混合料不高于 90 ℃。碾压终了温度：石油沥青混凝土不低于 70 ℃；煤沥青碎石宜不低于 60 ℃。

沥青混合料碾压过程分为初压、复压和终压三个阶段。初压用 60 ~ 80 kN 双轮压路机以（1.5 ~ 2.0）km/h 的速度先碾压两遍，使混合料得到初步稳定。随即用 100 ~ 120 kN 三轮压路机或轮胎式压路机复压 4 ~ 6 遍。碾压速度：三轮压路机为 3 km/h；轮胎式压路机为 5 km/h。

复压阶段碾压至稳定无显著轮迹为止。共压是碾压过程最重要的阶段，混合料能否达到规定构密实度，关键全在于这阶段的碾压。终压是在复压之后用 60 ~ 80 kN，碾压速度碾压 2 ~ 4 遍，以消除碾压过程中产生的轮迹，并确保路面表面的平整度。

碾压时压路机开行的方向应平行于路中心线，并由一侧路边经历向路中。用三轮压路机碾压时，每次应重叠后轮宽的 1/2；双轮压路机则每次重叠 30cm 轮胎式压路机亦应重叠碾压。由于轮胎式压路机能调整轮胎的内压，可以得到所需的接触地面压力，使集料相互嵌挤咬合，易于获得不同深度处均一的密实度，而且密实度可以提高 2% ~ 3%，所以轮胎式压路机最适宜用于复压阶段的碾压。

d. 接缝施工。沥青路面的施工缝包括纵横、横缝、新旧路面的接缝等。

● 纵缝施工。对当日先后修筑的两个车道，摊铺宽度应与已铺车道重叠 3 ~ 5 cm；所摊铺的混合料应高出相邻已压实的路面，以便压实到相同的厚度。对不在同一天铺筑的相邻车道或与旧沥青路面连接的纵缝，在摊铺新料之前，应对原路面边加以修理，要求边缘齐，塌落松动部分应刨除，露出坚硬的边缘。缝边应保持垂直，并需在涂刷一薄层黏层沥青之后方可摊铺新料。

纵缝应在摊铺之后立即碾压，压路机应大部压在已铺好的路面上，仅有 10 ~ 15 cm 的宽度压在新铺的车道上，然后逐渐移动跨过纵缝。

● 横缝施工。缝应与路中线垂直。接缝时先沿已刨齐的缝边用热沥青混合料覆，以便预热，覆盖厚度约为 15 cm，待接缝处沥青混合料变软之后，将所覆盖的混合料清除，换用新的热混合料摊铺，随即用热夯沿接边缘夯捣，并将接缝的热料铲平，然后越热用压路机沿接缝边缘碾压密实。

双层式沥青路面上下层接缝应相互错开 20 ~ 30 cm，做成台阶式衔接。

（3）路拌沥青碎石路面的施工。

路拌沥青碎石路面是在路上用机械将热的或冷的沥青材料与冷的矿料拌。在我国有时也采用人工就地拌和的方法施工。

路拌沥青碎石路面的施工程序为：

清扫基层→铺撒矿料→洒布沥青材料→拌和→整形→碾压→初期养护→封层。

在清扫干净的基层上铺撒矿料，矿料可在整个路面的宽度范围内均匀铺微，随后用沥青洒布车按沥青材料的用量标准分数次洒布，每次洒布沥青材料后，随即用齿耙机或圆盘耙把矿料与沥青材料初步拌和，然后改用自动平土机做主要的拌和工作。拌和时，平土机行程的次数视施工气温、路面的层厚、矿料粒径的大小和沥青材料的黏稠度而定，一般需往返行程20~30次方可拌和均匀；沥青与矿料翻拌后随即摊铺成规定的路拱横断面，并用路刮板刮平。由于路拌沥青混合料的塑性较高，故在碾压时，应先用轻型压路机碾压3~4遍后，改用重型压路机碾压3~6遍。路面压实后即可开放交通。通车后的一个月内应控制车路线和车速，以便路面进一步压实成形。在路面成形之后，即可做表面处治封层。

2. 水泥混凝土路面施工

（1）小型机具施工。

① 施工前的准备工作。

施工前的准备工作是水泥混凝土路面施工的重要组成部分，此工作做得充分与否，直接影响工程能否有秩序按计划顺利进行。因此，必须对现场深入了解，制订出几个方案，加以比较，选出最合理、最经济的方案，作为整个工程的施工指导。具体内容如下：

A. 施工组织。

根据工程的工期以及在现场实地踏勘调查的基础上、编制出一套合理并切实可行的施工组织设计。它是指导施工、加强计划、控制预算、保证质量、完成任务的必要措施。

a. 施工组织设计：

● 确定施工组织机构。

● 编制整个工程从开工到竣工的施工进度计划表。

● 编制施工现场平面图。

● 混凝土路面原材料的试验工作。

b. 施工现场组织：

● 为了使路面施工有组织、有秩序地进行，工地上一般建立现场施工领导小组，负责现场施工全过程的统筹安排，并且参加浇捣混凝土的全体工作人员进行思想动员和还守操作规程等交底工作，使参加施工的人员能对每一个细小的工艺环节做到心中有数，把好施工质量关。

● 根据工程规模大小，在现场施工领导小组领导下可分计划统计、质量安全、测量放样。材料试验、后勤供应等若干小组，分工合作，抓好各项工作以配合施工。

● 劳动力组织。

B. 测量放样。

a. 根据设计图纸放出路中心及路边线（或侧面线），并检查基层标高和路拱横坡，在路中心线上除一般每 20 m 设一中心桩外，还应设胀缝、缩缝、曲线起讫点和纵坡转折点等中心桩，并相应在路边各设一对边桩。主要中心桩应分别用攀线延长的方法固定在路旁行道树、电杆或建筑物的墙角上。

b. 测设临时水准点于路线两旁固定建筑物上或另设临时协准桩，每隔100m左右设置一个，不宜过长，以便于施工时就近对路面进行标高复核。

c. 根据放好的中心线及边线，在现场核对施工图的混凝土分块线。要求分块线距窨井盖及其他公用事业检查井盖的边线至少 1 m，否则便要移动分块线的位置。

d. 放样时为了保证曲线地段中线内外侧车道混凝土块有较合理的划分，必须保持横向分块线与路中心线垂直。若分块出现锐角，应联系设计单位采取角隅加固措施。

e. 所有中心桩和边桩上均应划出面层和基层的标高。

f. 测量放样必须经常进行复核，包括在浇捣混凝土过程中，要做到勤测、勤核、勤纠偏。

C. 施工现场的布置和选择。

a. 搅拌站的设置，应根据运输工具和混凝土的连续搅拌的最短时间和混凝土的运输、摊铺、振捣、做面以至浇筑完毕的允许最长时间，以及搅拌机的能量等而定。因此，工地应根据机具配备等实际情况和现场有足够的堆料场地和水泥仓库以及充足的水源、电源等，确定搅拌机的设置地点和浇筑的里程。

• 若用翻斗车运输混凝土，搅拌站供给路段一般以 400 m 为宜；若用自卸汽车运输，以 2～4 km 为宜；若用搅拌主运输商品混凝土则运距不受限制。但混凝土必须符合低流动性的路用要求，因此不直接使用泵车。

• 搅拌站应设置在能堆放砂石材料和搭建水泥仓库，并离水电供应较近的地点。

• 商业网点集中处、工厂、学校、里弄出入口均不应设置搅拌站和堆置材料，并且应与消防检至少保持 3 m 的距离。

• 搅拌站四周和搅拌机附近，应有排水设施。若不能利用原有设施，应开挖明沟或埋设临时排水管。

• 运输道路应坚实平整，并设有回车道。

b. 做好接水、接电工作，充分配备搅拌、浇筑和湿治养生的器材。

c. 施工需用的专用机具，应在施工前准备齐全，并检查运转完好情况。

d. 工地备用搅拌机、发电机组成第二电源和一定数量的机修人员，是当机具和电源发生故障时的临时应急措施，目的是保证混凝土浇捣工作不中断、施工不停顿。

e. 拌和场地的选择。

f. 材料估算及堆料方法。

D. 进行混凝土组成材料的试验和配合比设计。

施工前根据路面设计要求与当地材料供应情况，应做好混凝土材料的各项试验工作。混凝土配合比设计要正确选择混凝土各组成材料的用量，在采用不同用量组成的混凝土配合比时，每种配合比至少做试块 3 组，每组 3 块。试块分别经过 7d、14d、28d 龄期试压，取得强度资料后进行比较，选用其中水泥最省、强度符合设计要求的最佳配合比，然后根据施工现场的实际情况和施工条件加以调整，作为施工配合比。

E. 其他准备工作。

a. 施工技术人员必须在安排施工前到现场进行检查和核对图纸工作，熟悉现场周围情况。

b. 土基的压实和含水量事先检查，验证其是否符合要求。基层的几何尺寸、路拱、平整度及压实度是否符合要求。如有新埋地下管线，要检查沟槽回填土的密实度是否达到要求。沟槽新填土和新老路基相接部分，在浇捣水泥板时，必须加设钢筋网加固。

c. 调整城市道路上原有的下水道应和公用事业部门（包括电话、煤气、上下水道、电缆等单位）联系，有无需要配合埋设管线或旧管线的检修和更换等工作，必要时可配合做好地下管线的改道或改建工作，以免路面完成后再行开挖，造成不必要的浪费。

d. 联系有关交通部门，以便在施工期间实行必要的封锁或单向交通等管制工作。

e. 除以上的一切准备工作以外，在施工操作中专用的几种特殊工具和附属设备一定要准备齐全，如平板振动器、插入式振动器、振扬梁、劳梁、扶面用的长柄木抹及大铁抹板、泥板、芦花扫帚、喷水壶、工作桥（脚手板），活动雨棚架、安全设施用的红白带等。对在施工中易损坏的几种工具和振动器，应在配备时略有富裕，便于及时调换以保证正常工作。

f. 胀缝接缝板在路面混凝土未浇捣前应预先根据新修建道路总需要量加工并堆放好（包括路拱接缝板），便于随时取用。

② 施工程序和方法。

混凝土板的施工程序和施工技术分述如下：

A. 安装模板。

在摊铺混凝土之前，应先在线路两边根据车道宽度安装模板。安装的模板必须符合：

a. 模板必须具有足够的强度和刚度。立模时应设有足够的支撑，以保证在混凝土振实时不松动或变形。

b. 模板内侧面、顶面和底面均应刨光。拼接应严密、无缝隙，角隅应平整无缺损。模板中的孔眼、小裂纹应用油发或水泥纸筋石灰嵌平。

c. 在模板内侧应均匀薄涂一层废机油或肥皂水，以利脱模。

d. 模板应根据放样位置，准确安装，支撑应牢固，底面与基层表面应密贴，以防漏浆。接头（包括企口接头）应严密无隙，不得有离缝、错缝。顶面应齐平，不得有高低错落。

e. 纵向模板的安装，一般可采用捆板支撑法或压重立模法。

B. 铺筑整平层。

混凝土面层对基层的要求是强度均匀一致，整平压实，特别是沟槽回填土应特别注意夯实。若表面有坑槽及松散，应翻修加固，重新整平压实。

道路的加宽部分应碾压密实，达到与老路一致的要求。若在基层上设置砂垫层，施工时应注意下列事项：

a. 砂垫层应用粗砂。摊铺后应喷水湿润，振实振平，靠近模板处，尤应注意。在浇筑混凝土面层时，破垫层表面应保持湿润。

b. 垫层一次铺筑长度不宜过长，以免被扰动或污染。

c. 砂垫层抛高值一般为 5 mm 左右。

d. 砂垫层内不得有碎砖、木块等杂物。

e. 砂垫层靠路肩部分应在模板外侧培土拍实，防止混凝土漏浆。

C. 接缝施工。

a. 胀缝施工。

当胀缝不设传力杆时，可先在接缝处安装一个表面与路拱形式相同、高度等于混凝土板厚的木模板，用钢钎固定。当浇捣的一侧混凝土具有一定强度并拆去胀缝模板后，再在混凝土侧壁下部贴上一层胀缝填缝板（油浸甘蔗板或软木板），长度等于一个车道宽，高度为 3/4 水泥板厚。在填缝板顶上放置临时嵌缝板，其宽为 2 cm、高为 1/4 水泥板厚或 6 cm、长为一个车道宽。它们的接触面必须紧密，以防浇筑混凝土时砂浆流入，影响胀缝的作用。安放好后，再浇筑另一侧混凝土，待其凝固后，提出压缝板，再浇灌填缝料。当缝下需设置垫枕时，应在整平压实基层时预先做好。

当胀缝需设传力杆时，其传力杆的安装方法如下：

- 胀缝强力杆应在 1/2 长度内徐二度石油沥青（油-60）和一度黄油，并在端头设置金属或硬塑料的套筒。为施工方便，套筒可设在同一侧。施工时应先浇筑无套筒一侧的混凝土。

- 传力杆的安装，一般可采用顶头定位木模固定和预制支架固定两种方法。

- 顶头定位水摸固定强力杆的安装方法。

- 制订位支架固定传力杆的安装方法的安装方法。用 2 根宽 14～16 mm，长度短于浇筑的混凝土板宽 10 cm（两端各离纵向侧模 4～5 cm）的钢筋，将伸缩左右两端的传力杆按照设计位置，用细铅丝逐根绑扎固定。在钢筋下垫用 48～100mm 钢筋弯成的支架（支架反向弯脚各长 4 cm，每隔 50 cm 左右垫一只），以支承并固定传力杆的位置。

- 预制支架固定传力杆套筒的安装方法。在拆除固定传力杆的定位模板或钢筋支架和端头模板后，安装胀缝填缝板、临时嵌缝板（在填缝板上）和传力杯套筒。经检查合格后，方可浇筑"补仓"混凝土。在混凝土的胀缝传力杆的一端，若混凝土强度不足 10 MPa，则必须在传力杆套筒下面设置钢筋和支架，以免由于传力杆的振动使混凝土受到损伤。支架应比无套筒一端的支架低 1 mm，以便安放和校正套筒与传力杆端部的空隙间距（空隙间距为 4.5 cm）。

b. 缩缝施工。

- 压缝法。

混凝土经过振捣后，在缩缝位置上先用湿切缝刀切出一条细缝，然后将 1.0 cm 宽、6 cm 深的振动压缝板振入。压缝板为铁制，使用前应先涂废机油等润滑剂。

先将压缝板用螺栓固定在木梁上，木梁上装振动器，利用振动力把压缝板垂直压入混凝土中至要求深度，然后将螺栓拆除，移去木梁，压缝板即存在混起土中。混凝土在收水抹面过程中，同样每隔一定时间将压缝板上下抽动几下，可避免抹面结束抽出压板时混凝土粘附在压缝板的侧面，使板边缘损坏。

若设计要求在缩缝位置拉杆，可用钢质支架固定。为节约钢材，在混凝土浇捣后尚未凝固时，把拉杆在混凝土上摆好，再将一个由钢管焊接成的架子对准每个拉杆，使用振动器把钢架连同拉杆一并压入混凝土内，最后把钢管架拔出，而拉杆埋在缝内。

- 切缝法。

混凝土连续浇捣不需要安装压维板，而在混凝土浇捣完毕后，经过养生混凝土强度达到 20%～30%设计强度时即可切割。按照缩缝的位置使用切缝机切割成维，其宽度在 6～8 mm。切缝时必须掌握切缝时间，防止因温差影响使混凝土早期出现裂缝。混凝土要采用 425 号的普通水泥，混凝土强度增长较快，能适应切割时间。用低于 425 号的水泥，强度增长速度较慢，还未达到切割强度，往往混凝土板面已产生不规则的收缩、裂缝。经验表明，适宜切缝强度为 8～12 MPa 效果较好。

使用切缝机切缝具有下列优点：

施工方便，在摊铺、振实林面时不需要嵌压缝板或报缝工作，便于连续施工，为大面积施工和机械化施工创造了条件。

结构强度均匀，不会因振缝或嵌缝而引起缝边周围砂浆较多集料较少，且不会出现由于抽起嵌缝板而产生缝边材料抽松现象。

采用切缝机切缝，能保证两板面平整，且车辆行驶无冲击。因此，板缝边缘损坏的可能性大为降低，并且切出的缝整齐平直、宽深一致。

- 工作缝施工。

施工时浇筑摊铺时间不得过长，允许的最长间歇时间，应按所用水泥的凝结时间及混凝土硬化条件确定。如无试验资料，间歇一般不宜超过 1 h。因故停工在 1 h 以内，可将已捣实的混凝土用湿麻袋盖上，等恢复工作时将此混凝土耙松再继续铺筑。如停工 1 h 以上时，应作施工缝处理，其位置一般应设在缩缝处；如遇特殊情况，其位置也可在每块混凝土块的正中部分，但施工缝必须设置端头模板和传力杆，杆上不设套筒，其方法可参照胀缝预制定位固定传力杆的安装。

- 纵缝施工。

企口式纵缝的作用是将一块板的荷重传递一部分到相邻一块板上，同时因路面有横向坡度以及混凝土板热胀冷缩，行车使用后水泥混凝土板常会出现向路边两旁滑移，造成纵缝拉开变宽，因此，需在纵向板之间设纵向模板拉杆。纵向拉杆的安装方法如下：

预先将拉杆从中点起弯成直角立模后，将拉杆按设计位置，竖贴凸榫表面用二道或三道圆钉托住，上下卡紧而不卡死，应使外伸半根拉杆能原位转动。

摊铺混凝土时应先将外伸半根拉杆向上转动，浇筑振实到拉杆位置后，放下拉杆卧就位，再继续浇筑拉杆上面的混凝土。

拆模后预留外露部分的拉杆（即用圆钉固定在凸榫表面上的半根），用钢管作扳手缓缓地回直。

D. 安放钢筋。

混凝土路面板的边缘和角隅是其薄弱环节，易受车轮荷载作用而遭破坏，故对交通繁重的道路，常采用加强等厚式板外侧边缘和角隅、窨井和进水口周围加固钢筋及钢筋网四种类型。加工预制和安放必须进行隐蔽工程质量检验，并作好检验记录。

a. 边缘钢筋。

设置在离板边缘不少于 5 cm 处。一般用一或二根直径 10～16 mm 的钢筋，用预制混凝土整块垫托。垫块厚度一般以 4 cm 为宜，垫块间距不大于 80 cm。两根钢筋间距不应小 10 cm。纵向边缘钢筋一般只作在一块板内，即不得超过缩缝，以免妨碍板的翘曲；有时也可穿过组缝，但不得穿过胀缝。为加强锚固能力，钢筋两端应向上弯起，在浇筑混凝土过程中，钢筋中间应保持平直，不得变形挠曲，并防止位移。在混凝土路面的起终点处，为加强板的横向边缘，通常也设置横向边缘钢筋。配制钢筋长度不够时可用电焊焊接，如果采用铅丝绑扎则要有 30d 的搭接长度（d 为钢筋的直径），电焊焊接也要保持 10d 的焊接长度。

b. 角隅钢筋。

设置在胀缝两旁板的角隅处，一般可用直径为 12～14 mm 的钢筋。角隅钢筋应在混凝土浇筑振捣至与设计厚度差 5 cm 左右时安放，距胀缝和板边缘各为 10 cm，平铺就位后，继续浇筑上部混凝土。

此外，在交叉口处，板角常形成锐角，此时也应在板的税角处设置角隅钢筋，以避免板角断裂。

除上述外，混凝土路面有时还设置下述两种钢筋：

a. 窨井、进水口加固钢筋。

在城市道路的窨井、进水口等处，周围混凝土板容易发生断裂损坏，可设置钢筋加固。

b. 全面网状钢筋。

当混凝土路面某一段路地基比较松软或水文情况不良时，需用钢筋网将混凝土板加固。可采用直径 6～10 mm 的钢筋，横交叉布置并就地绑扎成网或预先焊接成网，运至工地安放。钢筋网安放必须做到：

● 若安放上下两层钢筋网，钢筋网的保护层均不应小于 4 m。下层网片必须用预制水泥混凝土整块垫托；上层网片应在混凝土浇筑至预定高度并已振实整平后安放。浇筑混凝土必须在脚手板上进行，严禁踩踏钢筋网片，以免网片变形挠曲。

● 钢筋网的安放，应符合设计要求，不得将钢筋网设置在混凝土板的中间。

● 钢筋网所用钢筋的型号、直径、间距位置均应符合设计要求。钢筋网的长度、宽度、方格间距、网片平坦度、上下网片位置和上下保护层厚度等的允许偏差均不应超过 10 mm。

为减轻由于气温急剧降低所引起的裂缝或老路基上加宽新路基，钢筋网应布置在路面板的上部；当老路基中间因开槽埋管经修复而该沟槽的位置正好在一个车道内，则网片就要设在路面板的下部。全面网状钢筋一般可以穿过偏缝，但不可穿过胀缝。

E. 混凝土的拌和。

安装混凝土搅拌机时，要根据运送混凝土车辆的高度将搅拌机垫高，出料口应靠近运料路线一边，以便于混凝土混合料运送到摊铺地点。在通向砂石堆料场的一方，须用 7.5 cm 厚的木板修筑宽 3 m、坡度不大于 1：2 的斜坡，以便于进料车上下运输之用。为了降低劳动强度，可以在地下挖一个比进料斗略大些的坑，用 10 cm 槽钢二根做料斗滑至坑底，故不需另搭进料斜坡，既省力又安全，目前较普遍采用。

混凝土搅拌可根据施工场地和运输条件而采用集中或分散搅拌。市内交通复杂地区，以集中搅拌为宜。拌制混凝土时，要准确掌握配合比，必须保证混凝土配量的精确度。注意事项如下：

a. 严格控制用水量。每天应对砂、石材料的含水量进行三次测定（即早晨上工前、上午 11 时和下午 16 时），雨后应及时进行复测，由试验人员根据测定结果在用水量中加以调整，其他人员不得任意增减。若使用搅拌机自动加水设备，每班开拌前必须认真校验其准确性。

b. 若使用袋装水泥，应抽查袋装水泥的重量，确保水泥用量的精确度。

c. 所有材料一律按重量比计。每拌所用材料，均需用磅秤过磅。每班开拌前磅秤必须检验。混凝土配料允许误差（自重的百分比）：水泥为±1%，砂为±2%，碎石为±3%，水为±1%，外掺剂为±1%。须经常清除底盘上和侧边的散料，以保持称量的准确。

d. 混凝土搅拌必须做好记录工作，应有专人负责检查控制，每班至少检查二次材料配量的正确性和混凝土的坍落度。

F. 混凝土的运输。

混凝土运输通常采用手推车和自卸汽车或搅拌运输车。自卸汽车应选用铁皮车厢，车厢后门挡板必须紧密，装载不应过满，以防漏浆或外溢。搅拌车运输应符合搅拌车的技术性能要求。混凝土运输时应行车平稳，以免车辆颠动而产生离析现象。若有离析，翻拌后方可使用。混凝土混合料必须在初凝前运至摊铺地点，并有足够的摊销、振实、整平和抹面的时间。

混凝土混合料卸料的高度不得大于 1.50 m，以免发生离析。混凝土混合料由搅拌站运到工地后，应及时检查坍落度和质量，若发现问题，应及时与搅拌站联系。运料车进入摊铺地段和卸料时，不得碰撞模板。炎热干燥、大风或阴雨天气运输时，应加覆盖。每车卸料后必须及时清除车厢内的黏附残料。集中搅拌站送料时应填发料单工地应签证验收。

G. 混凝土的摊铺。

摊铺混凝土前应检查下列内容：

a. 模板的位置、标高、涂油、支撑牢固程度是否符合要求，模板底面与基层表面（或老路面）间是否密贴无缝隙。

b. 基层表面，若局部松散，应立即整修；杂物应清除干净；在摊销前应洒水湿润。

c. 填缝板的位置是否准确，沥青是否涂满。

d. 传力杆是否与伸缝模板垂直，传力杆间距是否正确，相互间是否平行，绑扎是否牢固，是否涂过沥青和黄油，套筒是否套好。

e. 边缘、角隅和其他加固钢筋是否制备好，规格、尺寸是否准确。

f. 补仓时，应检查纵缝的混凝土板侧面是否已按规定涂过沥青。

g. 运输路线是否平整、通畅，养生器材和防雨棚等的准备工作是否落实。

h. 临时排水设施是否落实。

H. 混凝土振实。

混凝土铺筑到厚度一半后，先采用 2.2 kW（或 3.0 kW）的平板式振捣器振捣一遍，然后加高铺筑混凝土到顶，等初步整平后换用 1.2～1.5 kW 的平板式振捣器再振捣搞一遍。振捣时，振捣器沿纵向一行一行地由路边向路中移动，每次移动平板时前后位置的搭头重叠面为 20 cm 左右（约为1/3 平板宽度），不得漏振。振捣器在每一位置的振动时间一般为 15～25 s，不得过久，应以振至混凝土混合料泛浆，不明显下降、不冒气泡、表面均匀为度。凡振不到的地方，如模板边缘、传力杆和企口处、窨井及进水口附近等，均改用高频率插入式振捣器振捣，振动时应将振动棒垂直上下缓慢抽动，每次移动间距不得大于作用半径的 1.5 倍。插入式振捣器与模板的间距一般 10 cm 左右。插入式振捣器严禁在传力杆上振捣，以免损坏邻板边缘混凝土。经平板振捣器整平后的混凝土表面，应基本平整，无明显的凹凸痕迹，然后用振动夯样板振实整平。振动夯样板在振捣时其两端应搁在两侧纵向模板上或搁在已浇好的两侧水泥板上，作为控制路面标高的依据。

为提高混凝土面层表面的平整度、密实度和耐磨能力，经振实整平后，应用振动夯样板搁在纵向模板（侧模）顶上，自一端向另一端依次振动两遍。若无振动夯样板，可用人力夯样板，夯样板的一端搁在侧楼顶上，另一端提起斜移夯板，两端交替进行，不得两端同时悬空。边夯打边向前移动，前后夯打面积应重叠一半。若石子突出，可在原位连续夯打数次，将突出石子压下去。人力夯样板长度较路面板宽度大 20～30 cm，底面包以铁，夯打时，多余的混凝土应刮去，低凹不足的地方应及时添料补足。使混凝土表面平整，不露石子，有一层薄薄的湿润的砂浆，并使路拱符合设计要求。

混凝土振实后，安装嵌缝板前，应进一步进行整平工作。用双管并列振动夯样平整器或铁滚筒一边整平一边目测边检查，其操作方法同振动夯样板。在整平检查过程中，若发现仍有局部不够平整之处，必须及时进行处理。混凝土表面严禁采用砂浆涂抹，"补浆"找平。

关于双层路面的施工要求如下：

施工时必须配备两台搅拌机分别拌制上层和下层的混凝土，施工时下层混凝土摊铺振捣后，即摊铺上层混凝土，注意上下层的搭接，其相隔时间不得超过 60～90 min，夏季不应超过 40 min。上下层混凝土的接缝应对齐，传力杆可设置在略低于下层表面处，角隅钢筋则设在上下层之间，有利于双层板联合工作。

双层式混凝土路面的摊铺、整平、振捣、抹面等工作均同单层式路面相似。

I. 收水抹面及表面扫毛或走槽。

关于水泥混凝土路面收水抹面及扫毛（或滚槽）技术操作的好坏与严格掌握混凝土的收水时间，及时做好抹面工作有关。它能增强抗磨能力和防止产生网状细裂缝。收水抹面就是在路面混凝土浇捣成型，并经过整平后的一道表面处理工艺。收水抹面的目的，是使表面磨耗层（2～4 mm 的砂浆层）密实、平整。在收水抹面成活的基础上再进行表面扫毛或滚处理，处理后的路面表面要经得起车轮长期作用而不磨光，其表面应具有细纹理和一定的粗糙度并应有贯道通的小沟槽以利于排水，并符合行车安全及雨天行车少滑溜的要求。

我们可以从混凝土抗弯和抗裂试件中看到，试件最上层表面 1 cm 处有许多小的水气泡（直径在 0.2～1.2 mm），而下层和中层的水汽泡比面层少得多。这些水汽泡的形成是混凝土在拌和、运输和摊铺过程中混入的。当混凝土具有塑性时，振捣器的振动引起粗集料的下沉，水和空气泡及水泥砂浆上浮，上浮到面层的水称为多余水和泌出水。当多余水和泌出水完成施工和易性的要求后，一部分来到面层开始蒸发，另一部分留在表面磨耗层内，引起面层水灰比增大（在 1.0～2.0），而不是原来的 0.5 左右，再加上不能完全排出混凝土内的少量气泡，造成路面层材料疏松和不密实，其多孔结构类似风化状。收水抹面的目的就是解决表面材料层的密实问题。

收水抹面在操作过程中，是采用泥板（泥工粉墙工具）反复多次左右来回并向下压抹，由于力的作用加上混凝土各组成材料比例的不同，泌出水就从磨耗层内部以及砂浆与石子界面处上浮到表面待蒸发，部分气泡也随之同时排出。如此反复地进行多遍，蒸发—收水压抹—泌出水上授和空气排出，最后达到密实。因此收水抹面和表面扫毛或滚槽有其一定的操作方法和要求。如收水抹面次数过多（即无水可收）和扫毛或滚糟的时间过迟，虽面层能获得较理想的密实度，但扫出或滚出的表面不能符合要求的粗糙度，可造成雨天行车时在水上滑溜。如收水抹面次数过少和过早的扫毛或短槽，表面的材料易起砂磨光，另外还可出现路表面有过多的发丝裂缝。放、收水抹面遍数一般为 4 遍，可按下列要求进行：

a. 第一遍必须在平整完毕的 15 min（根据气候掌握）后进行。其目的主要是驱除泌水和压下石子；第一次初步抹平可先用长 45 cm、宽 20 cm、厚 2.5 cm 的长柄木抹（俗称大木盒）上面装有 3.5 m 长的竹竿，另一端离地高度为 1 m。使用时将大木盒在混凝土表面进行来回抹平，操作人员站在水泥的侧边上操作，顺横坡方向拖抹一遍，来回抹面重叠 1/2。冬季施工抹面时间还应适当延长，因立即收水抹面，由于混凝土流动性较大，不易控制其平整度而造成纵向波浪形。木抹在表面拖抹后，能获得较好的毛面，有利于水分的蒸发，从结构上讲，水泥浆与细集料分布在面层上也比较均匀。

待水分稍蒸发后，过 10～15 min，第二次抹面可用大铁抹拖抹。大铁抹长、宽尺寸同木抹，厚度采用 2～4 mm 钢板制成，并做成两边比中间低 2 mm 的坡度，使铁抹面在路面上来回拖抹时，不致为混凝土面所吸住。拖抹的方向与要求同木抹，该种工具在表面拖抹时，不必向下加压。

b. 上述的第一、第二遍抹平结束后，表面蒸发较大，若继续采用木抹或铁抹进行拖抹，因混凝土表面所受单位面积压力不足而达不到密实的效果，故改用泥板（其长宽尺寸分别为 26 m，厚度为 1 mm 的钢板）仔细抹光。同一个面层至少用泥板抹 4 遍。第二、第三遍吸水抹面继续驱除泌水外，并应进行整平抹光工作。操作时，第一遍抹面泥板与路面的交角应为 5°，以后各遍由于表面层的水分逐渐蒸发和减少，因此每遍以 5° 的角度增加，即第二遍抹面时交角为 10°，以此类推。抹面时手腕动作要灵活，用力须均匀，泥板来回抹面重叠应为泥板长度的 1/3 ~ 1/2。站在工作桥上进行操作，工作桥可用厚 5 ~ 7.5 cm、宽 15 ~ 20 cm、长比车道宽略长，其两沿下部钉有 10 cm 高的方木。操作时将工作桥的方木搁在两边的纵向模板上或放在已浇筑好的邻板上。工作桥可随工作需要搬移，严禁操作人员直接站在混凝土面层上工作，收水抹面各遍时间间隔可参考表 7.5。

表 7.5　收水抹面各遍时间间隔

水泥品种	施工温度/°C	间隔时间/min	水泥品种	施工温度/°C	间隔时间/min
普通水泥	0	35 ~ 45	矿渣水泥	0	55 ~ 70
	10	30 ~ 35		10	40 ~ 55
	20	15 ~ 25		20	25 ~ 40
	30	10 ~ 16		30	15 ~ 25

c. 当混凝土处于初凝终止状态，表面尚呈湿润时，应趁此时机进行最后一次抹面，把混凝土表面砂浆进一步挤压紧密。表面平整后，多余水基本排除蒸发，那时用食指稍微加压按下去能出现 2 mm 左右深度的凹痕或泥板加压抹面能出现水光，即为最佳扫毛时间，这种情况下扫出的路表面纹理，其深度能达到 1 mm 左右（有关资料把凹凸深度 10 mm 作为粗细纹理的界线）。目前扫毛工具习惯上采用芦花扫帚和棕刷，滚槽则用滚槽器。扫毛或滚槽时应顺横坡方向进行，为形成勾通的沟槽而利于排水，扫毛或滚槽工具应在整个板面上一次进行，中途不得停留或分两次进行。操作人员站在脚手板上，从第一条纵装模板开始，手刷扫毛或滚槽工具接触混凝土表面，脚同时移动走向另一块纵缝模板上。

收水抹面时还需注意以下几点：

• 从开始嵌入嵌缝板直到扫毛或滚槽结束取出嵌缝板的这段时间，夏季施工每隔 15 min 将嵌缝板上下抽动一下，再慢慢回复至原位，让其混凝土中的泌出水通过上下抽动，使两者之间产生一层水膜，起润滑作用，可避免黏附，不至于最后抽出嵌缝板时损坏混凝土侧边；冬季施工每隔 30 min 应上下抽动一下。实践证明，此法效果良好。

• 抹面过程中，严禁采用洒水、撒铺水泥、补浆等方法找平。混凝土面层整平抹光成型后，应平坦、密实、无抹痕，不露石子，无砂眼和气眼，并有一定的粗糙度。

对路面的接缝，应将其两旁混凝土整平并使其侧壁垂直，相邻两边要齐平。当嵌缝板抽出后，要清除缝内遗留的砂浆等物，并用 1/4 圆弧形镘刀把缝线顶角抹成半径为 0.7 m 的小圆角，以免日后顶角被车轮压坏，并为填缝料在夏季溢出时留出余地。

J. 养生。

养生的目的是为了防止混凝土的水分蒸发过快而产生收缩裂缝和保证水泥能充分进行水化作用。混凝土初期成型强度增长的快慢，主要取决于适当的温度和湿度。

养生通常有以下两种方法：

a. 湿治养生。

当混凝土表面尚呈湿润而有一定硬度（用手指轻轻按上去没有痕迹）时，即应用湿草帘（或湿草包、湿砂）覆盖，并洒水湿润（不得使用水龙头集中在一处冲水或直接浇在混凝土表面上）。混凝土表面不得留有任何痕迹，如脚印和草帘痕迹等。

必须经常洒水，使草帘始终保持潮湿，湿治养生期一般为 14d。在养生期间覆盖物应始终保持湿润，每天用喷壶或水龙头均匀洒水至少 2 ~ 3 次；夏季洒水还需增加，混凝土在高温条件下，才能加快其凝结作用。如养生或不足或早期养生不及时，均会影响混凝土强度的发育增长和表面抗磨性。

湿治养生结束后，应将草帘移出路外。在接缝处的草帘暂不移去，以防止尘土、垃圾、小石子落入缝内而增加填缝前清除的困难。

在纵坡不大的路段，也可采用围水法对混凝土进行养生。用黏土沿路面两边筑成小土堰，把路面分段围住，然后在堰内灌水 5 ~ 10 cm 深，以淹没混凝土表面。此法既可节省洒水工作量，又可避免烈日强风对混凝土的侵害，在寒冷季节即使水面结成薄冰也对混凝土强度无影响。

还有一种铺砂或铺锯末洒水法，当混凝土铺筑 4 ~ 6 h 后用砂子或锯末覆盖，砂或银末厚度一般为 2 ~ 3 cm，每昼夜应用喷水壶洒水 2 ~ 3 次。养生期内要始终保持其湿润。

湿治养生有一点必须注意：混凝土最初几小时禁止大量洒水，过早的大量洒水养生可使表面层起壳脱落。其原因是水可以从表面磨耗层的微细裂缝渗透到下面 2 ~ 4 mm 处，使石子与砂浆界面之间形成水膜，并且还会使混凝土表面留下覆盖的痕迹。

b. 塑料薄膜养生。

干旱缺水地区，浇筑混凝土板由于养生用水困难和城市道路采用湿治养生影响市容整洁等原因，可采用塑料薄膜养生的方法。塑料薄膜养生新技术的发展，解决了过去用草帘、砂、锯末或"水塘淹没"等的湿治养生所带来的许多缺点，如湿治养生用的大量水分侵入路面底层，造成"人为的病害"。湿治养生每天要消耗大量的水，而且塑料薄膜养生比湿治养生要节约大量的劳动力，也有利于环境卫生。但塑料薄膜养生 28d 强度比湿度养护低 5% ~ 10%。由于用塑料薄膜养生，成本费用较高，就不可大量使用。另外，塑料薄膜养生时要防止车辆、行人对薄膜的磨损、破坏。薄膜一旦破损漏气，就达不到保湿养生的目的。

● 塑料薄膜配制成分与方法。

配方应按照其各种原材料的特性及料源来选定。配方的技术要求，溶液应具有一定的塑性、延性、黏性、挥发性和密封稳定的性能；喷洒后能满足 30d 的强度要求，并在养生期满后能迅速老化，具有设备简单、工艺简便、安全可靠、适用于工地施工的特点。各地应根据两种养生方法的特点，结合具体情况和条件选定养护方法。

● 喷洒方法。

喷洒工具：小型空气压缩机。

喷洒工艺要求如下：

人员分工：由 1 人掌握喷枪，担任喷洒工作；由 2 ~ 3 人负责移动空压机，溶液罐，并协助移动输气管、输液管和踏脚板。空压机的气压应调至 0.4 ~ 0.5 MPa，溶液罐压力应保持在 0.2 ~ 3 MPa 的范围内工作，这种压力喷出的溶液能呈较好的雾状。

喷洒时间：应在混凝土上泌出水已经蒸发完和不见浮水时，亦即混凝土表面尚呈潮湿状态，且有一定硬度，即应喷涂。喷涂时间应当掌握恰当，不宜过早或过迟。过早会使薄膜粘贴不牢；过迟则会影响混凝土的硬度，还可能引起混凝土表面出现干缩裂缝。

当日平均气温 30 ℃ 以上，气候干燥，风力在 5 级以上时，应特别注意掌握喷射时间，以避免发生干缩裂缝；喷涂量一般以每千克溶液喷涂 4~5 m² 为宜（天热大风时可适当调整用量）。面积过大则厚度太薄，影响混凝土强度；面积过小则厚度大，造成浪费。

喷洒方法：喷洒操作人员应站在上风处横跨混凝土板的跳板上，喷枪头上距混凝土表面 25~45 cm，喷洒顺序自横向一板边喷至另一板边，一行一行逐渐向前移动。板边宜喷厚一些，避免薄膜损伤致使水分从板边失散。

浇筑填仓混凝土时，应采取措施保护旁侧混凝土板上已喷涂薄膜的完整性。补仓结束后，应有专人检查并清除残浆杂物。塑料薄膜若有损坏，须在喷涂补仓薄膜时给予补喷。补喷宽度为 50 cm，喷涂后，应随时检查，发现漏喷、损坏或破坏等情况，应及时补喷或补刷。

若日平均气温高于 30 ℃ 或低于 10 ℃，为防止混凝板表层与底层温差过大，在采用薄膜养生时还应采取适当措施。如高温天气覆盖湿草帘（或湿草包），并洒水湿润，用草帘保持潮湿，寒冷天气用二层草帘覆盖保温。

每次涂喷前，容器内的塑料薄膜溶液重量，应过秤记录。喷完后计算喷涂面积，核对单位喷量。

喷洒工艺喷涂结束后，应用三氯乙烯溶液或轻油溶剂将喷头及管路内的溶液洗净，避免堵塞或被腐蚀。

养生期间须注意保护薄膜的完整性。一般，养生期至少需要 28d，未成膜前严禁通行，5d 以后可通行。混凝土强度未达到设计要求前严禁使用硬质工具、器械等在面上拖拉，并严禁车辆通行。

K. 拆模。

当混凝土达到一定强度后，即可拆除模板。拆模时间应能保证混凝土边角不因拆模而损坏，应根据气温和混凝土强度增长情况而定。

拆模方法：拆模时应先拆除模板支撑、铁钎等，然后用扁头铁撬棒插入模板与混凝土之间，慢慢向外撬动模板。撬动时应垫塞木模块，不得损坏混凝土边角和企口。

拆下的模板必须及时清除圆钉，清除残余的混凝土，整理保养并放平堆好，防止变形，及时转移他处使用，做到现场"落手情"。

a. 填缝。

所有接缝的上部均须用填缝料填。一般在养生期满后即可进行填缝。未填缝前严禁车辆行驶，以免板缝和角隅损坏。填缝之前须将缝内进入的石、砂、泥土等杂物用小铁钩子钩出，并用钢丝刷和吹风器（俗称"皮老虎"）或小型空压机将缝内尘土吹净，必要时用水冲洗干净。若有水泥砂浆或塑料薄膜的残余物都必须刮掉并清除直至露出胀缝接缝板顶面，以保证胀缝贯通，否则会导致路面拱胀挤碎破坏和影响填缝料与混凝土的黏结。之后在缝口两边各涂一层宽约 10 cm 的石粉水（水与粉之比约为 2:1）作为填缝料与混凝土表面之间的防黏剂，但不得淌入缝内或沾在缝壁上，以免影响填缝料与缝壁的黏结。以上工作完成后，应有专人负责检查，合格后方可进行填缝工作。

填缝所用的填缝料宜富有弹性、不透水、耐疲劳、与混凝土表面黏附牢固，并有良好的温度稳定性，高温不流淌、低温不缩裂。常用的填缝料有两种：一种是现灌液体填缝料；另一种是预制嵌缝条。

现灌的液体填缝料常用的有两种：

• 沥青橡胶填缝料：用沥青、石棉屑、石粉与橡胶粉混合配制而成，具有一定弹性和塑性。

• 聚乙烯胶泥：用煤焦油聚氯乙烯、邻苯二甲酸二丁酯、硬脂酸钙和滑石粉配制而成，具有良好防水性、黏结性、弹塑性、抗老化性、耐热和耐寒等性能。

这两种填缝料适用于缩缝、纵缝及胀缝的上半部分。

• 沥青橡胶嵌缝条运用于缩缝、纵缝及胀缝的上半部分，用沥青、石棉粉、石粉按比例配合压制而成。

• 多孔橡胶嵌缝条采用氯丁橡胶原料，按设计图形用橡胶挤出机挤压成型，然后放在硫化罐内硫化而成，适用胀缝的上半部分。

灌缝使用特制的灌缝小车。小车由一个填料漏斗和四个小轮组成，操作时小车沿接缝灌浇前进。若无灌缝车可用鸭嘴壶代替。灌缝一般略高于板面 1～2 mm，冷缩后用铬铁烫平并撒上少量石粉。

b. 轨模式摊铺机施工。

轨模式摊铺机施工是由支撑在平底型轨道上的摊铺机将混凝土拌和物摊铺在基层上。摊铺机的轨道与模板是连在一起的，安装时同步进行。轨模式摊铺机施工混凝土路面包括施工准备、拌和与运输混凝土、摊铺与振捣、表面整修及养护等工作。

• 施工准备：混凝土路面施工前的准备工作包括材料准备及质量检验、混合料配合比检验与调整基层的检验与整修、施工放样及机械准备等。

根据混凝土路面施工进度计划，施工前应分批备好所需的各种材料，并在使用前进行核对、调整，各种材料应符合规定的质量要求。新出厂的水泥应至少存放一周后方可使用。路面在浇筑前必须对混凝土拌和物的工作性进行检验并作必要的调整。

混凝土路面施工前，应对混凝土路面板下的基层进行强度、密实度及几何尺寸等方面的质量检验。基层质量检查项目及其标准应符合基层施工规范要求。基层宽度应比混凝土路面板宽 30～35 cm 或与路基同宽。

施工放样是用轨模式摊铺机施工混凝土路面的重要准备工作。首先根据设计图纸恢复路中心线和混凝土路面边线，在中心线上每隔 20 m 设一中桩，同时布设曲线主点桩及纵坡变坡点、路面板胀缝等施工控制点，并在路边设置相应的边桩，重要的中心桩要进行挂桩。每隔100 m 左右应设置一临时水准点，以便复核路面标高。由于混凝土路面一旦浇筑成功就很难拆除，因此测量放样必须经常复核，在浇捣过程中也要进行复核，做到勤测、勤核、勤纠偏，确保混凝土路面的平面位置和高程符合设计要求。

混凝土路面施工前必须做好各种机械的检修工作，以便施工时能正常运行。用轨模式摊铺机施工时，主要工作是混凝土的拌和与摊铺成型，因此，应把混凝土摊铺机作为第一主导机械，搅拌机作为第二主导机械。选择的主导机械应能满足施工质量和工程进度要求。搅拌机与摊铺机应互相匹配，拌和质量、拌和能力、技术可靠性及工作效率等应能满足要求。在保证主导机械发挥最大效率的前提下，选用的配套机械要尽可能少。

• 拌和与运输：确保混凝土拌和质量的关键是选用质量符合规定的原材料、搅拌机技术性能满足要求、拌和时配合比计量准确。采用轨模式摊铺机施工时，拌和设备应附有可自动、准确计量的供料系统；无此条件时，可采用集料箱加地磅的方法进行计量。各种组成材料的计量精度应不超过下列范围：水和水泥±1%，集料±3%，外加剂±2%。拌和过程中加入外加剂时，外加剂应单独计量。用国产强制式搅拌机拌和坍落度为 1～5 cm 的混凝土拌和物，最佳拌和时间应控制为：立轴式强制搅拌机为 60～180 s；双卧轴强制式搅拌机为 60～90 s。最短拌和时间不低于低限，最长拌和时间不超过上限的 3 倍。

通常采用自卸汽车运输混凝土拌和物，拌和物坍落度大于 5 cm 时应采用搅拌车运输。从开始拌和到浇筑的时间应满足下列要求：用自卸汽车运输时，不得超过 1 h；用搅拌车运输时，不得超过 1.5 h。若运输时间超过上述时间限制或在夏季浇筑时，拌和过程中应加入适量的缓凝剂。运输时间过长，混凝土拌和物的水分蒸发和离析现象会增加，因此应尽量缩短混凝土拌和物的运输时间，并采取措施防止水分损失和混合料离析。拌和物运到摊铺现场后倾卸于摊铺机的卸料机内，摊铺机卸料机械有侧向和纵向两种。侧向卸料机在路面摊铺范围外操作，自卸汽车不得进入路面摊铺范围卸料（设有供卸料机和汽车行驶的通道）；纵向卸料机在摊铺范围内操作，自卸汽车后退供料，施工时不能像侧向卸料机那样在基层上预先安设传力杯。

● 摊铺与振捣过程如下：

轨模安装：轨模式摊铺机的整套机械在轨模上前后移动，并以轨模为基准控制路面的高程。摊铺机的轨道与模板同时进行安装，轨道固定在模板上，然后统一调整定位，形成的轨模既是路面边模又是摊铺机的行走轨道。轨道和模板的质量应符合相关规定的技术要求。模板应能承受机组的质量，横向要有足够的刚度。轨模数量应根据施工进度配备并能满足周转要求，连续施工时至少需配备 3 个全工作量的轨模。

轨模安装时必须精确控制高程，做到轨模平直、接头平顶，否则将影响路面的外现质量和摊铺机的行驶性能。

摊铺：轨模式摊铺机有刮板式、箱式或螺旋式三种类型，摊铺时将卸在基层上或摊铺箱内的混凝土拌和物按摊铺厚度均匀地充满轨模范围内。刮板式摊铺机本身能在轨道上前后自由移动，刮板旋转时将卸在基层上的混凝土拌和物向任意方向摊铺。这种摊铺机质量轻，容易操作，易于掌握，使用较普遍，但摊铺能力较差。箱式摊铺机摊铺时，先将混凝土拌和物通过卸料机一次性卸在钢制料箱内，摊铺机向前行驶时料箱内的混合料摊铺于基层上，通过料箱横向移动。要求摊铺厚度准确、均匀地刮平拌和物。螺旋式摊铺机由可以正向和反向旋转的螺旋布料器将拌和物摊平，螺旋布料器的刮板能准确调整高度。螺旋式摊铺机的摊铺质量优于前述两种摊铺机，摊铺能力较大。

摊铺过程中应严格控制混凝土拌和物的松铺厚度,确保混凝土路面和标高符合设计要求。一般应通过试铺确定拌和物的松铺厚度。

坍落度：摊铺机摊铺时，振捣机跟在摊铺机后面对拌和物作进一步的整平和捣实。在振捣梁前方设置一道长度与铺筑宽度相同的复平梁，用于纠正摊铺机初平的缺陷并使松铺的拌和物在全宽范围内达到正确的高度,复平梁的工作质量对振捣密实度和路面平整度影响很大。复平梁后面是一道弧面振动架，以表面平板式振动将振动力传到全宽范围内。拌和物的坍落度及集料粒径对振动效果有很大影响，拌和物的坍落度通常不大于 2.5 cm，集料最大粒径控制在 40 mm 以下。当混凝土拌和物的坍落度小于 2 cm 时，应采用插入式振捣器对路面板的边部进行振捣，以达到应有的密实度和均匀性。振捣机械的工作行走速度一般控制在 0.8 m/min，但随拌和物坍落度的增减可适当变化，混凝土拌和物均落度较小时可适当放慢速度。

振捣密实的混凝土表面应进行整平、精光、纹理制作等工序的作业，使竣工后的混凝土路面具有良好的路用性能。

- 表面整修过程如下：

表面整平：振捣密实的混凝土表面用能纵向移动或斜向移动的表面整修机整平。纵向表面整修机工作时，整平梁在混凝土表面纵向往返移动，通过机身的移动将混凝土表面整平。斜向表面整修机通过一对与机械行走轴线成 10°左右的整平梁做相对运动来完成整平作业，其中一根整平梁为振动梁。机械整平的速度取决于混凝土的易整修性和机械特性。机械行走的轨模须面应保持平顺，以便整修机械能顺畅通行。整平时应使整平机械前保持高度为 10 ~ 15 cm 的壅料，并使壅料向较高的一侧移动，以保证路面板的平整，防止出现麻面及空洞等缺陷。

精光及纹理制作：精光是对混凝土路面进行最后的精平，使混凝土表面更加致密、平整、美观。此工序是提高混凝土路面外观质量的关键工序之一。混凝土路面整修机配置有完善的精光机械，只要在施工过程中加强质量检查和校核，便可保证精光质量。

在混凝土表面制作纹理，是提高路面抗滑性能的有效措施之一。制作纹理时用纹理制作机在路面上拉毛、压槽或刻纹，纹理深度控制在 1 ~ 2 mm；在不影响平整度的前提下提高混凝土路面的构造深度，可提高表面的抗滑性能。纹理应与路面前进方向垂直，相邻板的纹理应相互沟通以利排水。纹理制作从混凝土表面无波纹水迹开始，过早或过晚均会影响纹理质量。

- 养护：混凝土表面整修完毕，应立即进行湿润养护，使混凝土在开放交通时具有规定的强度；尤其在气温较高时，必须保持已浇筑的混凝土表面湿润，以免混凝土表面干裂。在养护初期，可用活动三角形罩棚遮盖混凝土，以减少水分蒸发，避免阳光照晒，防止风吹、雨淋等。混凝土泌水消失后，在表面均匀喷洒薄膜养护剂。喷洒时在纵横方向各喷一次，养护剂用量应足够，一般为 0.33 kg/m^2 左右。在高温、干燥、大风时，喷洒后应及时用草带、麻袋、塑料薄膜、湿砂等遮盖混凝土表面并适时均匀洒水。养护时间由试验确定，以混凝土达到 28d 强度的 80%以上为准。使用普通硅酸盐水泥时约为 14d，使用早强水泥约为 7d，使用中热硅酸盐水泥约为 7d。在养护期间禁止车辆通行以保护混凝土路面。

- 接缝施工：混凝土路面在温度变化时会产生较大的温度变形，如混凝土板产生胀缩和翘曲等。为消除温度变形受到约束时产生的温度应力，避免混凝土路面出现不规则开裂，必须在混凝土路面的纵横方向上设置胀缝和缩缝。同时，在混凝土路面施工过程中由于各种原因造成路面施工中断会形成施工缝。接缝施工质量的好坏将直接影响到混凝土路面的使用性能及养护维修工作量的大小，因此各类接缝的施工应做到位置准确，构造及质量符合设计、规范要求。

胀缝施工：胀缝应与混凝土路面中心线垂直，缝壁垂直于板面，宽度均匀一致，缝中不得有黏浆或坚硬杂物，相邻板的胀缝应设在同一横断面上。胀缝传力杆的准确定位是胀缝施工成败的关键，传力杆固定端可设在缝的一侧或交错布置。施工过程中固定传力杆位置的支架应准确、可靠地固定在基层上，使固定后的传力杆平行于权面和路中线，误差不大于 5 mm。

铺筑混凝土拌和物时严禁造成传力杆位移，否则，将导致混凝土路面接缝区的破坏。在传力杆滑动端安装长度为 10 cm 的套筒，套筒内底与传力杆的间隙为 1~1.5cm，空隙内用沥青麻絮填塞，滑动瑞涂二度沥青。

机械化施工混凝土路面时，胀缝可在连续铺筑混凝土拌和物的过程中完成，也可在施工终了时完成。施工时用方木、钢挡板及钢钎固定胀缝板，钢钎间距 1 mm。在摊铺机前方，先在路面胀缝的传力杆范围内铺筑混凝土拌和物，用两个插入式振捣器在胀缝两侧 0.5~1.0 m 对称均匀地捣实。摊铺机摊铺至胀缝两侧各 0.5 m 范围内时，将振动梁提起，拔去钢钎，拆除方木和挡板。留下的空隙用混凝土拌和物填充并用插入式振捣器捣实，人工进行粗面整平，并通过摊铺机的振荡修平梁进行最终修平。待接缝板以上的混凝土硬化后用锯缝机按接缝板的位置和宽度锯两条缝，凿除接缝板之上的混凝土和临时插入物，然后用填缝料填满。这种施工方法可确保接缝施工质量，胀缝的外观也较好。

施工终了时设置胀缝的方法安装、固定传力杆和接缝板。先浇筑传力杆以下的混凝土拌和物，用插入式振捣器振捣密实，并注意校正传力杆的位置，然后再摊铺传力杆以上的混凝土拌和物。摊铺机摊铺胀缝另一侧的混凝土时，先拆除端头钢挡板及钢钎，然后按要求铺筑混凝土拌和物。填缝时必须将接缝板以上的临时插入物清除。

胀缝两侧相邻板的高差应符合如下要求：高速公路和一级公路应不大于 3 mm，其他等级公路不大于 5 mm。

横向缩缝施工：混凝土面板的横向缩缝一般采用锯缝的办法形成。混凝土结硬后应适时锯缝，合适的锯缝时间应控制在混凝土已达到足够的强度，而收缩变形受到约束时产生的拉应力仍未将混凝土面板拉断的时间范围内。经验表明，锯缝时间以施工温度与施工后时间的乘积为 200~300 个温度小时或混凝土抗压强度为 5~10 MPa 较为合适。缝的深度一般为板厚的 1/4~1/3。

纵缝施工：纵缝施工应符合设计规定的构造，保持顺直、美观。纵缝为平缝带拉杆时，应根据设计要求，预先在模板上制作拉杆置放孔，模板内侧涂刷隔离剂，拉杆采用螺纹钢筋制作。缝槽顶面采用锯缝机切割，深度为 3~4 cm，并用填缝料灌缝。不切割顶面缝槽时，应及时清除面板上的黏浆。假缝型纵缝的施工应预先用门型支架将拉杆固定在基层上或用拉杆置放机在施工时置入。假缝顶面的缝槽采用锯缝机切割，深 6~7 cm，使混凝土在收缩时能从切缝处规则开裂。

施工缝设置：施工中断形成的横向施工缝应尽可能设置在胀缝或缩缝处，多车道路面的施工缝应避免设在同一横断面上。施工缝设在缩缝处时，应增设一半锚固、另一半涂刷沥青的传力杆，传力杆必须垂直于缝壁、平行于板面。

接缝填封：混凝土养护期满即可填封接缝，填封时接缝必须清洁、干燥。填缝料应与缝壁黏附紧密、不渗水，灌注高度一般比板面低 2 mm 左右。当使用加热施工型填缝料时，应加热到规定的温度并搅匀，采用灌缝机或灌缝枪灌缝；气温较低时应用喷灯加热缝壁，使填缝料与缝壁结合良好。

c. 滑模式摊铺机施工。

● 施工工艺。

滑模式摊铺机施工混凝土路面不需要轨模，摊铺机支承在四个液压缸上，两侧设置有随机移动的固定滑模，摊铺厚度通过摊铺机上下移动来调整。滑模式摊铺机一次通过即可完成摊铺、振捣、整平等多道工序，作业过程如图 7.20 所示。铺筑混凝土时，首先由螺旋式布料器将堆积在基层上的混凝土拌和物横向铺开，刮平器进行初步刮平，然后振捣器进行捣实，随后刮平板进行振捣后的整平，形成密实而平整的表面，再使用搓动式振捣板对拌和物进行振实和整平，最后用光面带进行光面。整面作业与轨模式摊铺机施工基本相同，但滑模摊铺机的整面装置均由电子液压系统控制，精度较高。

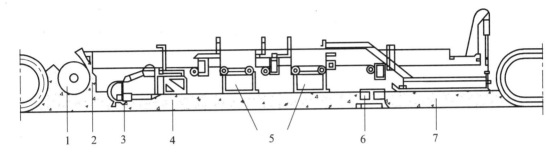

图 7.20　滑模式摊铺机摊铺工艺过程

1—螺旋摊铺器；2—刮平器；3—振捣器；4—刮平板；
5—振动振平板；6—光面带；7—混凝土

滑模式摊铺机比轨模式摊铺机更高度集成化，整机性能好，操纵方便，生产效率高，但对原材料混凝土拌和物的要求更严格，设备费用较高。

● 施工过程。

准备工作如下：

滑模式摊铺机施工水泥混凝土路面的准备工作包括以下内容：

基层质量检查与验收：对基层的检验项目及质量验收标准与轨模式摊铺机施工相同。一般情况下滑模式摊铺机施工的长度不小于 4 km。基层应留有供摊铺机施工行走的位置，因此，基层应比混凝土面层宽 50 ~ 80 cm。

测量放样，悬挂基准绳：滑模式摊销机的摊铺高度和厚度可实现自动控制。摊铺机一侧有导向传感器，另一侧有高程传感器。导向传感器接触导向绳，导向绳的位置沿路面的前进方向安装。高程传感器接触高程导向绳，导向绳的空间位置根据路线高程的相对位置来确定。测量时沿线应每 200 m 增设一水准点，并在控制测量精度、平差后使用。摊铺机摊铺的方向和高程准确与否，取决于导向绳的准确程度，因此导向绳经准确定位后固定在打入基层的钢钎上。

混凝土配合比与外加剂：滑模式摊铺机对混凝土拌和物的品质要求十分严格，集料最大粒径应小于 30 ~ 40 mm，拌和物摊铺时的坍落度应控制在 4 ~ 6 cm。为了增强混凝土拌和物的施工和易性，以达到所需的坍落度，常需要使用外加剂。所接外加剂品种、数量应先通过试验确定。

根据路面设计宽度，调整滑动模板摊铺宽度，置放纵缝拉杆。

施工过程如下：滑模式摊铺机摊铺混凝土拌和物时，用自卸汽车将拌和物运抵现场并卸在摊铺机料箱内；螺旋布料器前拌和物的高度保持在螺旋布料器高度的 1/2 ~ 2/3，过低会造成拌和物供应不足，过高则摊铺机会因阻力过大而造成机身上翘。滑模式摊铺机工作速度一般为 0.8 ~ 1.0 m/min。混凝土强度初步形成后，用刻纹机或拉毛机制作表面纹理。混凝土路面的养护、锯缝、灌缝等施工方法与轨模式摊铺机施工相同。

滑模式摊铺机摊铺混凝土路面板时，可能会出现板边塌陷、麻面、气泡等问题，应及时采取措施进行处理。塌陷的主要形式为边缘坍落、松散无边或倒边。造成塌边的主要原因是模板边缘调整角度不正确，摊铺速度过慢。边缘坍落会影响路面的平整度，横坡达不到设计要求；双幅施工时，会造成路面排水不畅。因此，应根据混凝土拌和物的坍落度调整出一定的预抛高，使混凝土坍落变形后恰好符合设计要求。造成倒边和松散无边的主要原因是集料针片状或圆状颗粒含量较多而造成拌和物成型性差、离析严重。此外，混凝土配合比不当、摊铺机的布料器将混凝土稀浆分到两侧也会导致倒边。为防止各种原因造成的倒边，应采用拌和质量好的搅拌机；施工过程中出现集料集中时，应将集料分散、除去或进行二次布料。麻面主要是由于混凝土拌和物坍落值过低造成的，混合料拌和不均匀也是原因之一。因此，应严格控制混凝土拌和物的坍落度，使用计量准确且拌和效果好的搅拌机，同时对混凝土的配合比作适当调整。

7.3.4　桥梁施工

1. 混凝土简支桥梁的制造工艺

（1）钢筋骨架成型。

混凝土内的钢筋骨架是由主筋、架立筋、箍向、斜筋、分布钢筋以及附加钢件构成，并且均要通过钢筋整直→切断→除锈→弯曲→焊接或者绑扎等工序以后才能成型。这里着重叙述一下对最后一道工序所应遵循的技术要求。

① 直径小于 25 mm 的钢筋，可以采用搭接绑扎的方法，但钢筋之间的搭接长度不应小于表 7.6 中的规定。

表 7.6

钢筋类型		混凝土强度等级		
		C20	C25	高于 C25
Ⅰ 级钢筋		$35d$	$30d$	$25d$
月牙纹	HRB335 牌号钢筋	$45d$	$40d$	$35d$
	HRB400 牌号钢筋	$55d$	$50d$	$45d$

注：① 当带肋钢筋直径 $d \leqslant 25$ mm 时，其受拉钢筋的搭接长度应按表中值减少 $5d$ 采用；当带肋钢筋直径 $d > 25$ mm 时，其受拉钢筋的搭接长度应按表中值增加 $5d$ 采用。

② 当混凝土在凝固过程中受力钢筋易受扰动时，其搭接长度宜适当增加。

③ 在任何情况下，纵向受拉钢筋的搭接长度不应小于 300 mm；受压钢筋的搭接长度不应小于 20 000 mm。

④ 当混凝土强度等级低于 C20 时，Ⅰ级、HRB335 牌号钢筋的搭接长度应按表中 C20 的数值相应增加 $10d$；HRB500 钢筋不宜采用。

⑤ 对有抗震要求的受力钢筋的搭接长度，当抗震烈度为七度（及以上）时应增加 $5d$。

⑥ 两根不同直径的钢筋的搭接长度，以较细的钢筋直径计算。

② 受力钢筋接头应设置在内力较小处，并应错开布置。在任一搭接长度的区段内，有接头的受力钢筋截面面积占总截面面积的百分率不应超过表 7.7 中的规定。

表 7.7

接头型式	接头面积最大百分率/%	
	受拉区	受压区
主钢筋绑扎接头	25	50
主钢筋焊接接头	50	不 限 制

注：① 焊接接头长度区段内是指 35d（d 为钢筋直径）长度范围内，但不得小于 500 mm，绑扎接头长度
区段是指 1.3 倍搭接长度。

② 在同一根钢筋上应尽量少设接头。

③ 装配式构件连接处的受力钢筋焊接接头可不受此限制。

④ 绑扎接头中钢筋的横向净距不应小于钢筋直径且不应小于 25 mm。

⑤ 环氧树脂涂层钢筋绑扎搭接长度，对受拉钢筋应至少为涂层钢筋锚固长度的 1.5 倍且不小于
375 mm；对受压钢筋为无涂层钢筋锚固长度的 1.0 倍不小于 250 mm。

③ 直径大于 25 mm 的钢筋和轴心受拉、小偏心受拉构件中的钢筋宜采用焊接。当采用搭叠式电弧焊接时，钢筋端部应预先折向一侧，使两接合钢筋轴线一致。搭接时，双面焊缝的长度不得小于 5d，单面焊缝的长度不得小于 10d。

④ 当采用夹杆式电弧焊接时，夹杆的总截面面积不得小于被焊钢筋的截面积。夹杆长度，如用双面焊时不应小于 5d，如用单面焊时不小于 10d。

（2）浇筑及振捣混凝土。

该施工过程包括混凝土搅拌、混凝土运输、浇筑混凝土、振捣密实等四个工序。混凝土的砂、石配合比以及水灰比均应通过设计和试验室的试验来确定，拌制一般采用搅拌机。混凝土的振捣一般采用插入式振捣器、附着式振捣器、平板式振捣器或振动台等设备，这需依据不同构件和不同部位的需要来选用，目的是达到模板内的软体混凝土密实，不能使混凝土内存在大的空洞、蜂窝和麻面。这里着重对其他两个工序的技术要求作介绍。

① 混凝土的运输。

A. 混凝土的运输能力应适应混凝土凝结速度和浇筑速度的需要，务必使混凝土在运到浇筑地点时仍保持均匀性和规定的坍落度。无论采用汽车运输还是搅拌车运输，其运输时间不宜超过表 7.8 中的规定。

表 7.8

序号	气温/℃	混凝土运输时间/min
1	20 ~ 30	30
2	10 ~ 20	45
3	5 ~ 10	60

B. 采用泵送混凝土应符合下列规定：

a. 混凝土的供应必须保证输送混凝土泵能连续工作。

b. 输送管线宜直，转弯宜缓，接头应严密，如管道向下倾斜，应防止混入空气而产生阻塞。

c. 泵送前应先用水泥浆润滑输送管道内壁。混凝土出现离析现象时，应立即用压力水或其他方法冲洗管内混凝土，泵送间歇时间不宜超过 15 min。

d. 在泵送过程中，受料斗内应具有足够的混凝土，以防止吸入空气而产生阻塞。

② 混凝土的浇筑。

混凝土简支梁构件的高度一般较高，故宜分层浇筑。当采用插入式振捣器时，其分层厚度不宜超过 0.3 m。分层方法可以有水平的和倾斜式的两种。当采用水平层浇筑时，由于构件较长，故必须在前一层混凝土开始凝结之前，将次一层混凝土浇筑完毕。当气温在 30 ℃以上时，前后两层浇注时间相隔不宜超过 1 h；当气温在 30 ℃以下时，不宜相隔 1.5 h，或由试验资料来确定相隔时间。当无法满足上述规定的时间间隔时，就必须预先确定施工缝预留的位置。一般将它选择在受剪力和弯矩较小的部位，并应按下列要求进行处理：

A. 在浇筑接缝混凝土之前，先凿除老混凝土表层的水泥浆和较弱层。

B. 经凿毛的混凝土表面，应用水洗干净，在浇筑次层混凝土之前，对垂直施工缝宜刷一层净水泥浆，对于水平缝宜铺一层厚为 10～20 mm 的 1:2 的水泥砂浆。

C. 对于斜面施工缝应凿成台阶状再进行浇筑。

D. 接缝位置处在重要部位或者结构物处在地震区时，则在灌筑之前应增设锚固钢筋，以防开裂。

（3）养护及拆除模板。

混凝土浇筑完毕后，应在收浆后尽快用草袋、麻袋或稻草等物予以覆盖和洒水养护。洒水持续时间，随水泥品种的不同和是否掺用塑化剂而异：对于用硅酸盐水泥拌制的混凝土构件不少于 7 昼夜；对于用矿渣水泥、火山灰水泥或在施工中掺用塑化剂的，不少于 14 昼夜。

混凝土构件经过养护后，达到了设计强度的 25%～50% 时，即可拆除侧模；达到了设计吊装强度并不低于设计标号的 70% 时，就可起吊主梁。

（4）就地浇注法施工工艺。

在现场的桥孔下面先搭设好支架，立模浇筑混凝土构件且达到设计强度后，便可拆除支架，即搭设施工支架→完成基本施工工艺流程→拆除或转移施工支架。

支架按其构造分为立柱式支架、梁式支架和梁-柱式支架；按材料可分为木支架、钢支架、钢木混合结构和万能杆件拼装的支架。

支架属于施工中的临时承重结构，除承受桥梁上部结构的大部分恒重外，还要承受施工设备及振动荷载、风力、施工人员的重量以及支架本身的自重，因此需要进行设计计算，以保证支架具有足够的强度、刚度、支架基础的牢固可靠、构件的结合紧密，并要求具有足够的纵、横、斜三个方向的连接杆件，使支架形成整体。

对于支立在河中的支架要充分考虑洪水和漂浮物的影响，支架必须设置预拱度。预拱度的设置需考虑施工中支架以及梁的设计预供度两方面，以保证竣工后的结构外形符合设计要求。支架还要设置落架设备，保证落架时对称、均匀，避免支梁发生局部受力过大的现象。

（5）后张法预应力度凝土高支架的制造工艺特点。

普通钢筋混凝土简支梁构件的预制较为简单，这就是在地面专门的场地上，按照其基本施工工艺流程来完成构件的制作，然后堆放在场地的一侧，等待运到桥孔处进行安装。后张法预应力混凝土简支架构件的预制过程也基本相同，所不同的主要有两点：第一，在钢筋成型这个施工过程的同时，要按照设计图中的位置布设制孔器，即在混凝土构件中预留孔道，供以后预应力筋穿入；第二，当完成混凝土养护和拆除模板后，按照设计图中所规定的混凝土龄期强度，将制备好的预应力筋寄入孔道中，完成张拉过程。由于它是在完成混凝土构件的制作之后再施加预应力，故把这种构件称作后张法预应力混凝土预制构件。

① 预应力筋孔道的成型。

在梁体内预留预应力施孔道所用的制孔器目前主要有三种，即铁皮管、铝合金波纹管和橡胶管。前两种制孔器按预应力筋设计位置和形状固定在钢筋骨架中，本身便是孔道。橡胶管制孔器也按设计位置固定在钢筋骨架中，待混凝土抗压强度达到 4～8 MPa 时，再将制孔器抽拔出以形成孔道。为了增加橡胶管的刚度和控制位置的准确，需在橡胶管内设置圆钢筋（又称芯棒），以便在先抽出芯棒之后，橡胶管易于从梁体内拔出。对于曲线束筋的孔道，则用两段胶管在跨中对接。对接接头处套一段长为 0.3～0.5 m 的铁皮管。

② 预应力筋的张拉。

这一施工过程包括孔道检查与清洗、穿预应力筋、张拉预应力筋、孔道压浆、封锚固端混凝土等几道工序。到此地步才能算完成了装配式构件的制作。孔道压浆的目的是保护预应力筋不受锈蚀，并使预应力筋与梁体的混凝土黏结成整体，共同受力，从而也减轻了锚具的受力。用混凝土锚固端部锚头除了达到防止锈的目的外，还有为了保持锚头或夹片不因在汽车运营中而松动，造成滑丝危险的作用。这里简单地介绍一下张拉预应力筋所使用的几种设备：

A. 锥锚式千斤顶。

如 TD-60 型锥锚式三作用千斤顶具有张拉、顶锚和退楔块三种功能，用于张拉带锥形锚具的钢丝束。千斤顶的工作靠高压油泵的进油与回油来控制，施加预应力的大小靠油表读值及预应力筋延伸率大小来控制。

B. 拉杆式千斤顶。

拉杆式千斤顶，操作方便，适用于张拉带有螺杆式和墩头式锚、夹具的单根粗钢筋、钢筋束或碳素钢丝束、钢丝束。常用的 GJ_2Y-60A 型拉杆式千斤顶，张拉前先用连接器将预应力筋和张拉杆连接。

C. 穿心式千斤顶。

这种千斤顶主要用于张拉带有夹片式锚、突具的单根钢筋、钢绞线或钢筋束和钢绞线束。张拉前先将预应力筋穿过千斤顶，在其后端用锥销式工具锚将力施锚住，然后辅助高压油系完成张拉工作。

③ 张拉程序。

不同预应力大小的构件采用的张拉程序不同，具体见规范。

（6）先张法预应力混混凝土制板梁的制造工艺特点。

先张法预制板梁的工艺是在浇筑混凝土之前先进行预应力筋的张拉，并将其临时固定在张拉台座上，然后完成基本的施工工艺流程，待混凝土达到规定强度（但不得低于设计标号的 70%）时，逐渐将预应力施松弛，利用预应力筋回缩与混凝土之间的黏结作用，使构件获得预应力。下面仅介绍与后张法制造工艺的不同之处。

① 台座。

A. 墩式台座。

墩式台座是靠自重和土压力来平衡张拉力所产生的倾覆力矩，并靠土壤的反力和摩擦力来抵抗水平位移。台座由台面、承力架、横梁和定位钢板等组成。台面有整体式混凝土台面和装配式台面两种，它是支架的底模。承力架承受全部的张拉力，横梁是将预应力筋张拉力传给承力架的构件，它们都须进行专门的设计计算。定位钢板用于来固定预应力筋的位置，其厚度必须保证承受张拉力后具有足够的刚度。定位板上的圆孔位置则按构件中预应力筋的设计位置确定。

  B. 槽式台座。

当现场地质条件较差，台座又不很长时，可以采用由台面、传力控、横梁、横系梁等构件组成的槽式台座。传力柱和横系梁一般用钢筋混凝土做成，其他部分与墩式台座相同。

  ② 预应力筋的效松。

当混凝土达到了预期的强度以后，就要从台座上将预应力筋的张拉力放松，逐渐将此力传递到混凝土构件上。放松的方法有多种，下面仅介绍常用的两种方法。

  A. 千斤顶放松。首先要在台座上重新安装千斤顶，先将力筋稍张拉至能够逐步扭松端部固定螺帽的程度，然后逐渐放松千斤顶，让钢筋慢慢回缩完毕为止。

  B. 砂筒放松。张拉预应力之前，在承力架和横梁之间各放一个灌满被烘干的细砂子砂筒。张拉时筒内砂子被压实。当需要放松预应力筋时，可将出砂口打开，使砂子慢慢流出，活塞徐徐顶入，直至张拉力全部放松为止。本法易于控制放松速度，故应用较广。

  ③ 张拉程序。

先张法预应力筋的张拉应符合设计要求，若设计无规定时，其张拉程序可按有关规定进行。为了避免台座承受过大的偏心力，应先张拉靠近台座截面重心处的预应力筋。

2. 装配式简支架构件的运输和安装

（1）预制构件的运输。

从工地预制场至桥头处的运输，称为场内运输，通常需要铺设钢轨便道，由预制场地用龙门吊机或木扒杆将预制构件装上平车后，再用绞车牵引运至桥头。当采用水上浮吊架梁时，还需要在河岸适当位置修建临时栈桥（码头），再将钢轨便道延伸到这里，以便将预制构件运上驳船，再开往桥孔下面进行架设。

从预制构件厂至施工现场的运输称为场外运输，通常用大型平板车、驳船或火车等运输工具。不论属于哪类运输方式，都要求在运输过程中构件的放置要符合受力方向，并在构件的两侧采用料撑和木楔加以临时固定，以防止构件发生倾倒、滑动或跳动等现象。

（2）预制构件的安装。

安装预制衡支梁构件的机械设备和方法较多，这里不一一介绍，现仅就几种常见的架梁方法略加说明。

  ① 自行式吊车架梁。

当桥梁跨径不大、重量较轻时可以采用自行式吊车（汽车吊车或履带吊车）架梁。如果是岸上的引桥或桥墩不高时，可以现吊装重量的不同，用一台或两台（抬吊）吊车直接在桥下进行吊装；如果桥是河道或桥墩较高时则将吊车直接开到桥上，利用吊机的伸臂边架梁边前进。不过此时对已经架好了的桥孔主梁，当横向尚未联成整体时，必须核算主梁是否能够承受吊车、被吊构件、机具以及施工人员重量的能力。

  ② 浮吊船架梁。

浮吊船实际是吊车与驳船的联合体，它可在通航河道上的桥孔下面架桥，而装有成批预制构件的装船，则停靠在浮吊船的一旁，随时供浮吊船起吊。浮吊船直逆流而上，先远后近地安装。吊装前应先下锚定位，航道要临时封锁。

③ 跨墩龙门式吊车架梁。

当桥不太高，架桥孔数又不多，且沿桥墩两侧铺设轨道不困难时，可以采用跨墩的龙门式吊车梁。此时，尚应在龙门式吊车的内侧铺设运梁轨道或者设便道用拖车运架。

④ 宽穿巷式架桥机架架。

⑤ 联合架桥机架梁。

其架梁操作步骤如下：

A. 用绞车纵向拖拉导梁就位；

B. 用托架将两个门式吊机移至待架桥孔两端的桥墩上；

C. 由平车轨道运预制架至架梁孔位，再由门式吊机将它起吊、横移并落梁；

D. 将被导梁临时占住位置的预制梁暂放在已架好的梁上；

E. 待用绞车将导梁移至下一桥孔后，再将暂放一侧的预制架架设完毕。

如此反复，直到将各孔主梁全部架好为止。此法用于孔数较多的桥梁时才比较经济。

3. 悬臂体系和连续体系梁桥的施工

悬臂体系和连续体系梁桥的结构和重量一般都比简支架要大，其受力特点也与简梁有所不同，故其施工方法与简支梁也大不相同。目前所用的施工方法大致可分为三类：

（1）逐孔施工法。它又可分为落地支架施工和移动模架施工两种。

（2）节段施工法。它是将每一跨结构划分成若干个节段，采用悬臂浇筑或者是臂拼装（预制节段）两种方法逐段地接长，然后进行体系转换。

（3）顶推施工法。它是在桥的一岸或两岸开辟预制场地，分节段地预制梁身，并用纵向预应力筋将各节段连成整体，然后应用水平液压千斤顶施力，将梁段向对岸推进。若依顶推施力的方法，又可分为单点顶推和多点顶推两类。

（1）逐孔施工法。

① 落地支架施工。

落地支架施工方法与前面的关于简支架桥的就地浇筑法施工基本上是相同的。所不同的是悬臂梁桥和连续桥在中墩处的截面是连续的，而且承担较大的负弯矩；需要混凝土截面连续通过。因此，必须充分重视两个方面的影响。

A. 不均匀沉降的影响：桥墩的刚度比临时支架的刚度大得多，加之支架一般垫基在未经精心处理的土基上，因此，难以预见的不均匀沉陷往往容易导致主梁在墩台支点截面处开裂。

B. 混凝土收缩的影响：由于每次浇筑的梁段较长，混凝土的收缩又受到桥墩、支座摩阻力和先浇部分混凝土的阻碍，也是容易引起主梁开裂的另一个原因。

鉴于上述原因，一般采用留工作缝或者分段浇筑的方法。连续梁仅在几个支点处设工作缝，宽 0.8~1.0 m，待沉降和收缩完成以后，再对接缝截面进行凿毛和清洗，然后浇注混凝土。当梁的跨径较大时，临时支架也会因受力不均，产生挠曲线。悬臂梁中跨的临时桥下过道处，将有明显的折曲，故在这些部位也预留工作缝。有时为了避免设置工作缝的麻烦而采用分段浇筑方法。

② 移动模架施工。

移动模架施工法是使用移动式的脚手架和装配式的模板，在桥上逐孔浇筑施工。它像一座设在桥孔上的活动预制场，随着施工进程不断移动连续现浇施工。它由承重梁、导梁、台车、桥墩托架和模架等构件组成。在箱形梁两侧各设置一根承重梁，用来支承模架和承受施工重力。承重梁的挠度要大于桥梁跨径，浇筑混凝土时承重架支承在桥墩托架上。导梁主要用于运送承重梁和活动模架，因此，需要有大于两倍桥梁跨径的长度。当一孔梁的施工完成后便进行脱模卸架，由前方台车和后方台车在导梁和已完成的桥梁上面，将承重梁和活动模架运送至下一桥孔。承重梁就位后，再将导梁向前移动。

当采用移动模架施工时，连续梁分段时的接头部位应放在弯矩最小的部位。

（2）节段施工法。

① 悬臂浇筑法。

悬臂浇筑法一般采用移动式挂篮作为主要施工设备，以桥墩为中心，对称地向两岸利用挂篮浇筑梁节段的混凝土，待混凝土达到要求强度后，便张拉预应力钢筋束，然后移动挂篮，进行下一节段的施工。悬臂浇筑的节段长度要根据主梁的截面变化情况和挂篮设备的承载能力来确定，一般可取 2～8m。每个节段可以全截面一次性浇筑，也可以先浇筑梁底板和腹板，再安装顶板钢筋及预应力管道，最后浇筑顶板混凝土，但需注意由混凝土龄期差而产生的收缩、徐变次内力。悬臂浇筑施工和周期一般为 6～10d，依节段混凝土的数量和结构复杂的程度而定。合龙段是悬臂施工的关键部位。为了控制合龙段的准确位置，除了需要预先设计好预拱度和进行严密的施工监控外，还要在合龙段中设置劲性钢筋定位，采用超导强水泥，选择最合适的梁的合龙温度（宜在低温）及合龙时间（夏季宜在晚上），以提高施工质量。

② 悬臂拼装法。

悬臂浇筑法是将预制好的梁段，用驳船运到桥墩的两侧，然后通过悬臂梁上（先建好的梁段）的一对起吊机械，对称吊装梁段，待就位后再施加预应力；如此下去，逐渐接长。用作悬臂拼装的机具很多，有移动式吊车、桥架式吊车、缆式起重机、汽车吊和浮吊等。

预制节段之间的接缝可采用湿接缝和胶接缝。湿接缝宽度为 0.1～0.2 m，拼装时下面设临时托架，梁段位置调准以后，便用高标号砂浆或小石子混凝土填实，待接缝混凝土达到设计强度以后再施加预应力。胶接缝是用环氧树脂加水泥在节段接缝面上涂上约厚 0.8 mm 的薄层，它在施工中可使接缝易于密贴，完工以后可提高结构的抗剪能力、整体刚度和不透水性，故应用较普遍。但胶接缝要求梁段接缝有很高的制造精度。

③ 悬臂施工法中的梁墩临时固结。

对于 T 形刚构桥和连续刚构桥梁，因墩梁本身就是固结着的，所以不存在梁临时固结的问题。但对于悬臂梁桥和连续梁桥来说，采用悬臂施工法时，就必须在 0 号块节段将梁体与桥墩临时固结或支承。

（3）顶推施工法。

① 单点顶推。

单点顶推又可分为单向单点顶推和双向单点顶推两种方式。只在一岸桥台处设置制作场地和顶推设施的称单向单点顶推；为了加快施工进度，也可在河两岸的桥台处设置制作场地和顶推设备，从两岸向河中顶推，这样的方法称为双向单点顶推。

在顶推中为了减少悬臂梁的负弯矩，一般要在梁的前端安装长度为顶推跨径 0.6～0.7 倍的钢导梁（应自重轻而刚度大）。顶推装置由水平千斤顶和竖直千斤顶组合而成，可以联合作用，其工序是顶升梁→向前推移→落下竖直千斤顶—收回水平千斤顶。

在顶推的过程中，各个桥墩墩顶均需布设滑道装置，它由混凝土滑台、不锈钢板和滑板组成。滑板则由上层氯丁橡胶和下层聚四氟乙烯板镶制而成，橡胶板与梁体接触使摩擦力增大，而四氟板与不锈钢板接触使摩擦力减至最小，借此就可使梁前进。每个节段的顶推周期为 6～8d，全梁顶推完毕后，便可解除临时预应力筋，调整、张拉和锚固后期预应力筋，再进行灌浆、封端、安装永久性支座，至此主体结构即告完成。

② 多点顶推。

它是在每个墩台上设置一对小吨位的水平千斤顶，将集中的顶推力分散到各墩上。由于利用水平千斤顶传给墩台的反力来平衡梁体滑移时在桥墩上产生的摩阻力，从而使桥墩在顶推过程中只承受较小的水平力，因此，可以在柔性墩上采用多点顶推施工。多点顶推采用拉杆式顶推装置，顶推工艺为：水平千斤顶通过传力架固定在桥墩（台）靠近主梁的外侧，装配式的拉杆用连接器接长后与埋设在箱梁腹板上的锚固器相连接，驱动水平千斤顶后活塞杆拉动拉杆，使梁借助梁底滑板装置向前滑移，水平千斤顶走完一个行程后，就卸下一节拉杆，然后水平千斤顶回油使活塞杆退回，再连接拉杆进行下一顶推循环。用穿心式千斤顶顶推梁前进，在此情况下，拉杆的一端固定在梁的锚固器上，另一端穿过水平千斤顶后用夹具锚固在活塞杆尾端，水平千斤顶走完一个行程，松去夹具，活塞杆退回，然后重新用夹具锚固拉杆并进行下一顶推循环。

必须注意，在顶推过程中要严格控制梁体两侧的千斤顶同步运行。为了防止梁体在平面内发生偏移，通常在墩顶上梁体的旁边设置横向导向装置。

顶推施工法适宜于建造跨度为 40～60 m 的多跨等高度连续梁桥，当跨度更大时就需要在桥跨间设置临时支承墩，国外已用顶推法修建成跨度达 168 m 的桥梁。多点顶推与单点顶推比较，可以避免用大规模的顶推设备，并能有效地控制顶推梁的偏心；当顶推曲梁桥时，由于各墩均匀施加顶推力，能顺利施工，因此，目前此法被广泛采用。多点顶推法也可以同时从两岸向顶推，但需增加更多的设备，使成本提高，因此较少采用。

7.4　岩土施工技术

7.4.1　构造地质

1. 构造地质图在土木工程中的应用知识

（1）地质图的概念及图式规格。

① 地质图。

地质图：用一定的符号、色谱和花纹将地壳某部分各种地质体积地质现象（如各种岩层、岩体、地质构造、矿床等的时代、产状、分布和相互关系），按一定比例概括地投影到平面图（地形图）上的一种图件。一幅正规的地质图应该有图名、比例尺、图例和责任表（包括编图单位或人员、编图日期及资料来源等）。

图名：表明图幅所在地区和图的类型。一般采用图区内主要城镇、居民点或主要山岭、河流等命名。如果比例尺较大、图幅面积小，地名小不为众人所知或同名多，则在地名上要写上所属的省（区）、市或县名。图名用端正、美观的字体书写于图幅上端正中或图内适当位置。

比例尺：又称缩尺，用以表明图幅反映实际地质情况的详细程度。地质图的比例尺与地形图或地图的比例尺一样，有数字比例尺和线条比例尺。比例尺一般注于图框外上方图名之下或下方正中位置。

图例：是一张地质图不可缺少的部分。不同类型的地质图各有所表示的地质现象的图例。普通地质图的图例是用各种规定的颜色和符号来表明地层、岩体时代和性质。图例通常是放在图框外的右边或下边，也可放在图框内足够安排图例的空白处。图例要按一定顺序排列，一般按地层、岩石和构造这样的顺序排列，并在它们前面写上"图例"二字。

地层图例的安排是从上到下由新到老排列；如放在图的下方，一般是由左向右从新到老排列。图例都画成大小适当的长方形的格子排成整齐的行列。在长方格的左边注明地层时代，右边注明主要岩性，方格内附上和注明与地质图上同层位的相同颜色和符号。已确定时代的喷出岩、变质岩要按其时代排列在地层图例相应位置上。岩浆岩体图例放在地层图例之后，已确定时代的岩体可按新老排列，时代未定的岩体按酸性到基性顺序排列。

构造符号的图例放在地层、岩石图例之后，一般排列顺序是：地质界线、褶皱、轴迹（构造图中才有）、断层、节理以及层理、劈理、片理、流线、流面和线理产状要素，除断层线用红色线外，其余都用黑色线，对地层界线、断层线是实测的与推断的，图例与图内一样，应有所区别。

图框外左上侧注明编图单位，右上侧写明编图日期，下方左侧注明编图单位、技术负责人及编图人，右侧注上引用的资料（如图件）单位、编制者及编制日期。或者将上述内容列绘成"责任表"放在图框外右下方。

② 地质剖面图。

正规地质图常附有一幅或几幅切过图区主要构造的剖面图。剖面图也有一定的规定。

剖面图如单绘一幅时，则要标明剖面图图名，通常是以剖面所在地区地名及所经过的主要地名（如山峰、河城镇和居民点）作为图名。如为图切剖面并附在地质图下面，则只以剖面标号表示。剖面在地质图上的位置用一细线标出，两端注上剖面代号。剖面图的比例尺应与地质图的比例尺一致，如剖面图附在地质图的下方，可不再注明水平比例尺。垂直比例尺表示在剖面两端竖立的直线上，下边先选定比本区最低点更低的某一标高（可选至0以下）一条水平线作基线，然后以基线为起点在竖直线上注明各高程数。如剖面图垂直比例尺放大，则应注明水平比例尺和垂直比例尺。

剖面图两端的同一高度上注明剖面方向（用方位角表示）。剖面所经过的山岭、河流、城镇等地名应注明在剖面的上面所在位置。为醒目美观，最好把方向、地名排在同一水平位置上。

剖面图的放置一般南端在右边，北端在左边，东右西左，南西和北西在左边，北东和南东端在右边。剖面图与地质图所用的地层符号、色谱应该一致。如剖面图与地质图在一幅图上，则地层图例可以省去。剖面图内一般不要留有空白。地下的地层分布、构造形态应该根据该处地层厚度、层序、构造特征推断绘制。

③ 地层柱状图。

正式的地质图或地质报告中常附有工作区的地层综合柱状图。

地层柱状图可以附在地质图的左边，也可以绘成单独一幅图。比例尺可根据反映地层详细程度的要求和地层总厚度而定。

综合地层柱状图是按工作区所有出露地层的新老叠置关系恢复成水平状态切出的一个具代表性的柱子。在柱子中表示出各地层单位或层位的厚度、时代及地层系统和接触关系等。一般只绘地层（包括喷出岩），不绘侵入岩体。也有将侵入岩体按其时代与围岩接触关系绘在柱状图里。用岩石花纹表示的地层岩性柱子的宽度，可根据所绘柱状图的长度而定，使之宽窄适度、美观大方，一般以 2 ~ 4 cm 为宜。

（2）阅读地质图的一般步骤和方法。

读地质图首先要看图式和各种规格，即先看图名、比例尺和图例；还应具备地形图和地图有关知识。

从图名与图幅代号、经纬度，了解图幅的地理位置和图的类型；从比例尺可以了解图上线段长度、面积大小和地质体大小及反映详略程度；图幅编绘出版年月和资料来源，便于查明工作区研究史。

熟悉图例是读图的基础。首先要熟悉图幅所使用的各种地质符号，从图例可以了解图区出露的地层及其时代、顺序，地层间有无间断，以及岩石类型、时代等。读图例时，最好与图幅地区的综合地层柱状图结合起来读，了解地层时代顺序和它们之间接的触关系（整合或不整合）。

在阅读地质内容之前应先分析一下图区的地形特征。在比例尺较大（如大于 1：50 000）的地形地质图上，从等高线形态和水系可了解地形特点。在中小比例尺（1：10 万 ~ 1：50 万）地质图上，一般无等高线，可根据水系分布、山峰标高的分布变化，认识地形的特点。

一幅地质图反映了该地区各方面地质情况。读图时一般要分析地层时代、层序与岩石类型、性质和岩层、岩体的产状、分布及其共相互关系。对于分析地质构造方面，主要是褶皱的形态特征、空间分布以及组合和形成时代；断裂构造的类型、规模、空间组合、分布和形成时代或先后顺序；岩浆岩体产状和原生及次生构造以及变质岩区所表现的构造特征等。读图分析时，可以边阅读，边记录，边绘示意剖面图或构造纲要图。

（3）读水平岩层地质图。

水平岩层在地面和地形地质图上的特征：地质界线与地形等高线平行或重合；在沟谷处界呈"尖牙"状，其尖端指向上游；在孤立的山丘上，界线呈封闭的曲线；在岩层未发生倒转的情况下，老岩层出露在地形的低处，新岩层分布在高处；岩层露头宽度取决于岩层厚度和地面坡度，当地面坡度一致时，岩层厚度大的，露头宽度也宽；当厚度相同时，坡度陡处，露头宽度窄，在陡崖处，水平岩层顶、底界线投影重合成一线，造成地质图上岩层发生"尖灭"的假象。

（4）在地形地质图上求岩层产状要素的方法。

① 基本原理。

A. 同一岩层面上不同高程的走向线相互平行；

B. 在两走向线的垂线上，低等高线的方向为倾向；

C. 倾角是岩层面和水平面的夹角。

② 求解步骤：

A. 在同一岩层面上找到两个同一高程的点，并将其连接起来，即为这一高程的走向线。

B. 在该层面上再找到相邻高程的一个点，通过该点平行上述走向线作一条直线，即为这一高程的走向线。

　　C．在两条走向线之间做一垂线，低等高线的方向为倾向。

　　D．在等高线上截取一线段等于两条走向线的高差，将两线段作为两条边做一三角形。

　　E．用量角器量出低等高线出的锐角，即得出岩层倾角。

　　（5）三点法求岩层产状要素。

　　当岩层产状平缓，不能用罗盘准确测定产状时，或者根据钻探得到的层面标高资料求地下岩层产状，这时可用"三点法"。

　　A．应用"三点法"求岩层产状的前提：

　　三点要位于同一层面上，但又不在一条直线上；三点的方位、相互间水平距离和标高（或高差）为已知，并且三点相距不太远；在三点范围内岩层面平整、产状无变化、无褶皱、无断层。

　　B．"三点法"的要点：在最高点和最低点的连线上，找到与中间高程点等高的另一个点，就可以作出这一高程的走向线，过最高点或最低点可以作出与上述等高线平行的另一高程的走向线，根据两走向线各自高程和水平距离，可以求出倾向和倾角。

　　C．求解方法参见"在地形地质图上求岩层产状要素的方法"。

2. 读倾斜岩层地质图、编制倾斜岩层剖面图

　　（1）分析倾斜岩层在地质图上的表现特征。

　　倾斜岩层在大比例尺地形地质图上，表现出岩层界线与地形等高线成不同交截关系，在山脊和沟谷处弯曲成"V"字形，而有一定规律，即所谓"V"字形法则。通过读图应用这一规律，掌握岩层产状与地形及其相互关系对岩层界线形态影响的分析方法；同时也注意岩层露头宽度的变化与岩层厚度、产状和地形的关系。

　　（2）认识不整合在地质图上的表现特征。

　　根据地质图上出露的地层时代、层序，如图区内在两个不同时代的地层之间存在地层缺失，即两地层时代层序不连续，而两地层产状一致，界线基本平行，则为平行不整合；如两地层产状不平行，较新地层的底面界线截过不同时代的较老地层界线，则为角度不整合。

　　（3）绘制倾斜岩层地质剖面图。

　　一幅正式地质图通常附有一条或几条通过图区的主要地质构造的图切地质剖面图，以反映图区构造形态及组合特征，与地质图相结合，有助于我们从三维空间去认识和恢复地质构造形态和产状。因此，对于图切剖面应该学会绘制和阅读分析方法。

　　其绘制方法和步骤如下：

　　① 选择剖面位置。

　　在分析图区地形特征、地层的出露、分布及产状变化以及构造特点的基础上，要使所作的剖面尽量垂直于区内地层走向，通过地层出露较全和图区主要构造部位，或者选在阅读地质图所需要作剖面的地方。选定后，将剖面线标定在地质图上。

　　② 绘地形剖面。

　　在绘图纸（以方格纸为好）上画出剖面基线，长短与剖面相等，两端注上垂直线条比例尺（一般与地质图比例尺一致），按等高间距作一系列平行于基线的水平线（用方格纸作剖面只注明标高位置）。基线标高一般取比剖面所过区域最低等高线高度再低1~2个间距，然后

以基线高程为起点,按等高距依次注明每条平行线的高程并将基线与地质图上剖面线放平行。最后,将地质图上的剖面线与地形等高线各交点——投影到相应高程的水平线上(或剖面标高位置),按实际地形用平滑曲线连接相邻点即得出地形剖面。

③ 完成地质剖面。

将地质图上的剖面线与地质界线(地层分界线、不整合线、断层线等)的各交点投影到地形剖面曲线上,按各点附近的地层倾向和倾角绘出分层界线。

如剖面与走向斜交时,则应按剖面方向的视倾角绘分层界线。

④ 绘制岩性花纹。

对各分岩层应按其岩性绘上规定的岩性花纹,并按照地质图注明相应的地层代号。岩石花纹有时要附图例。

⑤ 整饰剖面图。

3. 读褶皱区地质图、绘制褶皱地区剖面图

首先从地质图及其图例或所附地层柱状图上了解图区所出露的地层的时代、层序和接触关系,然后概略地认识一下图上新、老地层分布和总体延伸情况;了解一下地形特征,结合比例尺了解地形对地层露头分布形态及出露宽度的影响。

从地质图上认识、分析褶皱时,先要从地层分布是否有对称重复,并结合地层新、老关系和地层产状,分辨出背斜和向斜,再进而分析褶皱的形态和组合特征。认识褶皱形态的关键是确定褶皱的两翼、轴面和枢组的产状。

(1)对单个褶皱形态的认识和分析。

① 区分背斜和向斜。

先从一个老地层或新地层着手,横过地层总的延伸方向观察,如老地层两侧依次对称地分布着新的地层者为背斜;反之,在新地层两侧对称地分布着老的地层则为向斜。通常是一个背斜两侧毗邻着向斜,一个向斜的两侧则发育着背斜。

② 确定两翼产状。

褶皱两翼产状及其变化,主要从地质图上标绘的地层产状、符号直接去认识和分析。在一定情况下,也可以根据同一岩层在褶皱两翼露头宽度的差异,定性地对比两翼的大小。这种分析是从岩层厚度基本稳定,地形起伏不大或褶皱两翼的地面坡度相似为前提,而岩层露头宽度只与岩层倾角大小有关,露头宽度为窄的一翼倾角大、宽的一翼倾角小。

③ 判断轴面产状。

要较准确地确定褶皱轴面的产状,可以通过系统地测量两翼同一岩层产状,用极射赤平投影方法或几何作图法来确定。在地质图上,也可以从褶皱两翼产状大致判断出轴面产状。如两翼倾向相反,倾角大致相等,则轴面直立;两翼倾向、倾角基本相同,则轴面产状也与两翼产本一致(即为等斜褶皱)。对于两翼产状不等或一翼倒转的褶皱,无论背斜或向斜,其轴面大致是与倾角较小的一翼的倾斜方向近于一致,除平卧褶皱和等斜褶皱外,轴面倾角一般大于缓翼倾角而小于陡翼倾角。

④ 枢纽产状和轴迹的确定。

当地形平坦且褶皱两翼倾角变化不大时,两翼地层界线基本上平行延伸,可认为褶皱枢纽水平;如两翼岩层走向不平行或两翼同一岩层界线呈交会(或弧形转折弯曲),可认为褶皱

枢纽是倾伏的,在倾伏背斜两翼同一岩层界线在枢纽倾伏处交会成"V"字形或弧形的凸侧或"V"字形尖端指向枢纽倾伏方向。向斜则反之。

⑤ 转折端形态认识。

在地形较平缓的情况下,轴面直立或陡倾斜的倾伏褶皱,在地质图上褶皱倾伏端的地层界线弯曲形态,大致可以反映褶皱在剖面上的转折端的形态。

⑥ 褶皱形态的描述。

一般包括以下内容:褶皱名称(地名加褶皱类型)、位置(地理位置和所在区域构造部位)、分布延伸情况、核部位置及组成地层、组成两翼地层及产状、转折端形态、轴面及枢纽产状、次级褶皱分布及特征、褶皱被断层或侵入岩体破坏情况等。

(2)褶皱的组合特征的认识。

在逐个分析了图区的背斜、向斜之后,再从地质图上的轴迹排列情况和剖面上褶皱组合形态,确定和描述褶皱的组合形式,如雁行式、隔挡式、隔槽式或复背斜、复向斜(要结合平面和剖面)。

(3)确定褶皱形成时代。

主要根据地层间的角度不整合接触关系来确定褶皱形成时代。不整合面以下的褶皱形成于不整合面以下褶皱岩层的最新地层时代之后、不整合面以上最老地层时代之前。此外,还可以根据褶皱与已知时代的侵入岩体或断裂构造的关系来判断,这将在以后有关实习中讨论。

(4)褶皱地区铅直剖面图的绘制。

① 分析图区地形和褶皱特征。

分析时应注意地层界线的弯曲是与岩层产状和地形的影响有关还是与次级褶皱有关,如是次级褶皱,在剖面上应反映出来。

② 选定剖面位置。

剖面线应尽可能垂直褶皱轴迹延伸方向,且能通过全区主要褶皱构造。将选定的剖面线标绘在地质图上。

③ 绘出地形剖面。

④ 标记构造位置。

在剖面线上和地形剖面上用铅笔标出背斜和向斜的位置,对于剖面附近可能隐伏延展到剖面切过处的次级褶皱,应将其轴迹线延到与剖面线相交,也应在剖面线和地形剖面上标出相应位置。

7.4.2 工程地质

1. 工程地质概念

地质作用:在地质历史发展的过程中,由自然动力引起的地壳的物质组成、内部结构和地表形态不断变化的作用。包括:

内力地质作用:简称内力作用,是由地球内部的能量(转动能、重力能和放射元素蜕变产生的热量)引起的地质作用。主要在地壳内部或上地幔进行。

外力地质作用:简称外力作用,是由地球外部的能量(太阳的热能,太阳和月球的引力能、地球的重力能)引起的地质作用。主要在地壳地表附近进行。

工程地质作用：人类活动引起的地质效应。

地质构造：地壳中存在着很大的应力，组成地壳的岩层在地应力的长期作用下就会发生变形，形成构造变动的形迹。我们把构造运动在岩层和岩体中遗留下来的各种变形、变位形迹。

层理构造：沉积岩在形成过程中由于沉积环境的改变，使先后沉积的物质在颗粒大小、形状、颜色和成分上发生变化，从而显示出来的成层现象。

崩塌：在陡峻的斜坡上，巨大的岩块在重力作用下突然而猛烈地向下倾倒、翻落、崩落的现象。

风化作用：地壳表层的岩石，在太阳辐射、大气、水和生物等风化营力的作用下，发生物理和化学变化，使岩石崩解破碎以致逐渐分解的作用。

潜水：地表下面第一个连续隔水层之上具有自由表面的含水层中的水。

变质作用：地壳内部原有的岩石，由于受到高温、高压及化学成分加入的影响，改变原来的矿物成分和结构、构造，形成新的岩石，称为变质岩。这种使岩石改变的作用，称为变质作用。

地貌：由于内外力地质作用的长期进行，在地壳表面形成的各种不同成因、不同类型、不同规模的起伏状态。

岩体：在漫长的地质历史过程中形成的，具有一定的结构和构造，并与工程建筑有关的天然地质体。

解理：矿物受打击后，能沿一定方向裂开成光滑平面的性质。

溯源侵蚀：河流的侵蚀过程总是从河的下游逐渐向河源方向发展的，这种溯源推进的侵蚀过程称为溯源侵蚀。

岩石：在地质作用下产生的，由一种或多种矿物以一定的规律组成的自然集合体。

承压水：充满与两个隔水层之间的含水层中的地下水。

上层滞水：在包气带（指位于地球表面以下、潜水面以上的地质介质）内局部隔水层上积聚的具有自由水面的重力。

裂隙水：埋藏在基岩裂隙中的地下水。

岩溶水：储存与运移于可熔岩的空隙、裂隙以及溶洞中的地下水。

泉水：地下水在地表天然集中出露水流。

滑坡：斜坡大量土体和岩体在重力作用下，沿一定的活动面（或带）整体向下滑动的现象。

矿物：地壳和地球内部的化学元素，除极少数成单质存在者外，绝大多数是以化合物的形式存在，这些是具有一定化学成分和物理性质的自然元素和化合物。

硬度：矿物抵抗外力刻划、研磨的能力。

沉积岩：在地表环境中形成的，沉积物质来自先前存在的岩石的化学和物理破坏产物。

岩层：两个平行的或近于平行的层面所限制的、由同一岩性组成的地质体。

断裂构造：构成地壳的岩石受地应力作用后发生变形，当变形达到一定程度后，岩石的连续性和完整性遭到破坏，产生各种大小不同的断裂。

断层：岩石受力作用断裂后，两侧岩块沿断裂面发生的显著位移的断裂构造。

地震：地下深处的岩层，由于某种原因突然破裂、塌陷以及火山爆发等而产生振动，并以弹性波的形式传递到地表的现象。

2. 工程地质实践知识

裂隙工程地质评价：

岩石中的裂隙，在工程上除有利于开挖外，对岩体的强度和稳定性均有不利影响。裂隙破坏了岩石的整体性，促使风化速度加快；增强了岩体的透水性，使岩体强度和稳定相降低。若裂隙的主要发育方向与路线走向平行，倾向与边坡一致，不论岩体的产状如何，路堑边坡都容易发生崩塌或碎落。在路基施工时，还会影响爆破作业的效果。所以，当裂隙有可能成为影响工程设计的重要因素时，应当进行深入的调查研究，详细论证裂隙对岩体工程建筑条件的影响，采取相应措施，以保证建筑物的稳定和正常使用。

断层的工程地质评价：

由于岩层发生强烈的断裂变动，致使岩体裂隙增多、岩石破碎、风化严重、地下水发育，从而降低了岩石的强度和稳定性，对工程建筑造成种种不利的影响。因此，在公路工程建设中，如确定路线布局、选择桥位和隧道位置时，要尽量避开大的断层破碎带。

在研究路线布局，特别在安排河谷路线时，要特别注意河谷地貌与断层构造的关系。当路线与断层走向平行，路基靠近断层破碎带时，由于开挖路基，容易引起边坡发生大规模坍塌，直接影响施工和公路的正常使用。在进行大桥桥位勘测时，要注意查明桥基部分有无断层存在及其影响程度如何，以便根据不同情况，在设计基础工程时采取相应的处理措施。

在断层发育地带修建隧道，是最不利的一种情况。由于岩层的整体性遭到破坏，加之地面水或地下水的侵入，其强度和稳定性都是很差的，容易产生洞顶坍落，影响施工安全。因此，当隧道轴线与断层走向平行时，应尽量避免与断层破碎带接触。隧道横穿断层时，虽然只有个别段落受断层影响，但因地质及水文地质条件不良，必须预先考虑措施，保证施工安全。特别是断层破碎带规模很大或者穿越断层带时，会使施工十分困难，在确定隧道平面位置时，要尽量设法避开。

残积层：地表岩石经过长期风化作用以后，改变了矿物成分、结构和构造，形成和原来岩石性质不同的风化产物，其中除一部分易溶物质杯水溶解流失外，大部分物质残留在原地，这种物质为残积物，这种风化层为残积层。

残积层的工程地质性质，主要取决于矿物成分、结构和构造等因素。残积层具有较多的空隙和裂缝，易遭冲刷，强度和稳定性较差。由于残积层空隙多，成分和厚度很不均匀，所以作为建筑物的基地时，应考虑其承载能力和可能产生的不均匀沉陷。由于残积层结构比较松散，作为路堑边坡时，应考虑可能出现的坍塌和冲刷等问题。

工程地质性质：残积层疏松多孔、裂隙发育、厚度不均、强度较低，作为建筑物地基时可能产生不均匀沉降，过量沉降甚至承载力不够而破坏。

由于多孔裂隙发育，又含黏土等软弱成分，透水性强，吸水后膨胀、软化，作为路堑边坡时易产生滑塌、冲刷等病害。

坡积层：由坡面细流的侵蚀、搬运和沉积作用在坡脚或山坡低凹处形成新的沉积层。

当坡积层的厚度较小时，其稳定程度首先取决于下伏岩层顶面的倾斜侧滑程度，如下伏地形或岩层顶面与坡积层的倾斜方向一致且坡度较陡时，尽管地面坡度很缓，也易于发生滑动。山坡或河谷谷坡上的坡积层的滑动，经常是沿着下伏地面或基岩的顶面发生的。

当坡积层与下伏基岩接触带有水渗入而变得软弱湿润时，将显著减低坡积层与基岩顶面的摩擦力，更容易引起坡积层发生滑动。坡积层内的挖方边坡在久雨之后容易产生塌方，水的作用是一个带有普遍性的原因。

定义：由坡面细流的侵蚀、搬运和沉积作用在坡脚或山坡中下部低凹处形成的新的松散堆积层称为坡积层。

成因特点：经一定距离的搬运，间歇性堆积而成，为第四纪一种松散堆积物。

分布特点：

平面上：单个坡积层顺着坡面沿坡脚或山坡的低凹处呈缓倾斜的扇形，多个组成裙状分布。

剖面上：厚度变化大，呈中下部较厚，上部变薄至尖灭状。

坡积层工程地质性质评价

物质组成：与下伏基岩成分无关，主要为亚黏土和带棱角的碎石为主。

结构、构造：分选差，大小不均，磨圆差，棱角明显，具有不是很明显的斜层理。

工程性质：疏松多孔，透水性强、储水能力大；易压缩、变形大、强度低，作为地基易发生不均匀沉降或承载力不足；稳定性变化大，黏土含量越高稳定性越差。边坡易坍塌。

坡积层的稳定性（复杂）取决于：

① 下伏基岩顶面的倾斜程度。

② 下伏基岩顶面与坡积层接触带的含水情况。

③ 坡积层本身的性质（组成、结构、构造、整体性）。

（1）洪积层。

① 成因。

是由山洪急流在山麓沟口处由于搬运能力降低而将携带的碎屑物质堆积下来形成的。（常呈扇形）

洪积扇的平面形态：

单个沟口的洪积层为前弧向外的扇形。当附近有多个沟口，而洪积扇规模逐渐扩大与之相邻组成洪积裙。

② 洪积层的工程地质性质。

洪积层主要分布于山麓坡脚的沟谷出口地带及山前平原，从地形上看，是有利于工程建筑的。由于洪积物在搬运和沉积过程中的某些特点，规模很大的洪积层一般可划分为三个工程地质条件不同的地段：靠近山坡沟口的粗碎屑沉积地段，孔隙大、透水性强、地下水埋藏深、压缩性小、承载力比较高，是良好的天然地基；洪积层外围的细碎屑沉积地段，如果在沉积过程中收到周期性的干燥，黏土颗粒发生凝聚并析出可溶盐分时，则洪积层的结构颇为结实，承载力也是比较高的。在上述两地段之间的过渡带，因为常有地下水溢出，水文地质条件不良，对工程建筑不利。

（2）冲积层。

① 冲积层定义：

在河谷内由河流的沉积作用而形成的堆积物。沉积的原因：流速降低、流量减小、搬运物增多（搬运力小于搬运量）。

② 沉积物的沉积环境——沉积相。

A. 河床相：沉积物的颗粒较粗。

B. 河漫滩相：河漫滩相下部为河床沉积物，颗粒粗；表层为洪水期沉积物，颗粒细，以黏土、粉土为主，形成"二元结构"。

C. 牛轭湖相：为细粒沉积。

D. 三角洲相：多为细粒沉积

③ 河流沉积物（冲积物）的五大特征：

A. 分选性好：长时间稳定的河流水动力，可使各种粒级的物质充分分开

B. 磨圆度好：长距离搬运，使岩块变圆滑。

C. 成层性好：二个周期变化因素：洪水期，粗；枯水期，细。夏季，颜色淡；冬季，颜色深。

D. 韵律性好：形成递变层理。河流的一次侧向摆动，由下到上可形成：河床沉积（粗）、河漫滩沉积（中）、牛轭湖沉积（细）。

E. 具流水成因的原生构造：冲刷痕、砂丘（大的波痕）、波痕、交错层、前积层等。

③ 堆积阶地的特点：

A. 物质组成：下底为卵石、砂砾等粗颗粒；上部为细砂、亚黏土等。（二元结构）

B. 组构上：磨圆、分选性好，层理分明。

C. 外观：沿河谷成连续或间断的台阶状，台面较平坦。

D. 工程地质特征：一般为良好的建筑场地，平坦、宽阔；具有一定的强度和承载力、稳定性好；地下水丰富、地下水位较浅。

（3）崩塌。

① 崩塌的定义：在陡峻的坡体上，巨大岩土体在重力作用下突然而猛烈地向下倾倒、翻滚、崩落的现象，称为崩塌，包括岩崩和土崩。

② 发生位置：山区陡峭的山坡及高陡的路堑边坡。

③ 种类：

山崩：规模巨大的称为山崩。

碎落：斜坡表面由于岩石的风化强烈，产生岩屑顺坡滚落的现象。

落石：悬崖陡坡上个别较大岩块的崩落。

地形条件：斜坡高、陡是必要条件。一般高度大于 30 m，坡度大于 45°，多数 55°～75°。

岩性条件：坚硬的岩石，具有较大的抗剪强度和抗风化能力，形成高峻的斜坡，在外来因素下，一旦稳定性遭到破坏，即产生崩塌现象。如软硬互层（相间）构成的陡峻斜坡、老黄土组成的坡体。

构造条件：岩性不同的岩层以各种不同的构造和产状组合而成，常为各种构造面所切割，从而削弱岩体内部的联结。

其他自然因素：强烈风化、冻融循环、植物根系的楔入、人为不合理的工程活动。

勘察要点：

查明斜坡的地形条件，如斜坡的高度、坡度及外形。

查明斜坡的岩性和构造特征，如岩石的风化类型、风化破碎程度、主要的构造面的产状。

查明地表水及地下水对斜坡的稳定性影响及当地的地震烈度。

公路选线时，对于发生大、中型崩塌的地段，优先采用绕避方案；当绕避有困难时，应离开崩塌一段位置，尽量减少防治工程或采用其他方案（明洞、隧道）通过。

附：铁路系统将崩塌分为大型（3 000 m³ 以上）、中型（500～3 000 m³）、小型（500 m³ 以下）三类。

公路工程设计与施工中，避免使用不合理的高、陡边坡，避免大切大挖，维持山体平衡，并选用合理的施工方法；同时，清除坡面危石。

坡面加固：坡面喷浆、抹面、砌石铺盖；灌浆、勾缝、镶嵌、锚拴。

危岩支顶：混凝土作支垛、护壁、支柱、支墩等。

拦截防御：落石平台、落石网、拦石堤。

调整水流：修筑截水沟、堵塞裂隙、排水沟渠。

防护设施：明洞、棚洞、悬臂式棚洞。

（4）滑坡。

① 滑坡的概念。

A. 定义：滑坡体上大量土体和岩体在重力作用下，沿一定的滑动面（或带）整体向下滑动的现象，称为滑坡。

滑坡与崩塌的区别：

a. 滑坡沿固定的面或带运动，而崩塌一般不会；

b. 滑坡有较长的变形期，而崩塌具突发性；

c. 滑坡以剪切破坏为主，而崩塌以张裂破坏为主；

d. 滑坡以水平位移为主，而崩塌以垂直运动为主；

e. 滑坡体具结构性，而崩塌体破碎零乱不具有结构；

f. 滑坡体一般很少完全脱离母体，而崩塌物一般都完全脱离母体；

B. 滑坡的形成条件：

滑坡的发生是坡体岩土体平衡条件遭到破坏的结果。其发生需同时具备以下条件：

a. 滑动面基本贯通。

b. 下滑力（力矩）大于抗滑力（力矩）。

● 地形地物标志：当坡体上发育有圈椅状、马蹄状地形或多级不正常的台坎，其形状与周围斜坡明显不协调；斜坡上有明显的裂缝，裂缝在近期有加长、加宽现象，坡体上的房屋等建筑物出现了开裂、倾斜；坡脚有泥土挤出、垮塌频繁。坡体不直、不圆滑、中部坑洼起伏、下部鼓丘、内部多积水洼地；坡面植被出现"醉汉林"及"马刀树"。

● 地层构造标志：地层整体性常因滑动而破坏；层位不连续，缺失某些地层或层位错开等。

● 水文地质标志：滑坡地段含水层的原有状况常被破坏：潜水位不规则、无固定流向等。

② 防治原则："绕治合理，科学有据；以防为主，一次根治；统筹规划，综合整治；科学施工，主次有序；护脚强腰封顶，治坡先要治水。"

整治大型滑坡，技术复杂，工程量大，时间较长，因此勘测阶段对于可以绕避且属经济合理的首选绕避方案。

中小型滑坡连续地段，一般可不绕避，但注意调整路线平面位置，减小工程量。

路线通过滑坡地区，要慎重对待，详细查阅资料。

整治滑坡，应做好临时排水工程，再针对滑坡形成的主要因素，采取措施。

A. 排水。

地表排水：整平夯实、填缝、灌浆勾缝等；为了防治滑坡下部水流的冲刷，设置护坡、护堤、石笼防护，以及设置截水沟、树枝状排水沟系统。

地下排水：渗沟、盲沟、排水平孔、隧道。

B．力学平衡的方法。

滑坡体上方：刷方减重、填土反压。

滑坡体下方：抗滑片石垛、挡墙、抗滑桩等。

坡体锚固：锚索、锚杆等。

C．改善滑动面上的土石性质。

焙烧、电渗排水（黏土）。

压浆及化学加固——加入水玻璃（硅酸钠）。

（5）泥石流。

① 泥石流定义。

泥石流是一种突然爆发的含有大量泥沙、石块的特殊洪流。

其特点：暴发突然、历时短暂、来势猛、破坏力强（冲击、磨损、冲刷、淤埋）、冲淤变幅大，有时还表现有阵流性。

其发育特点：具有区域性和周期性。

地质条件：岩性较软，风化强烈，地质构造复杂，褶皱、断层发育，新构造运动强烈，地震频繁的地区。

地形条件：山高谷深，地形陡峻，沟床纵坡大。完整的泥石流流域，上游三面环山，一面漏斗状圈谷。

水文气象条件：水是泥石流的组成部分之一，也是泥石流活动的基本动力和触发条件。

人类的活动：植被。

泥石流的三个基本条件：流域中有丰富的固体物质补给给泥石流；有陡峭的地形和较大的沟床纵坡；流域的中上游有强大的暴雨或冰雪强烈消融等形成充沛水源。

A．防治原则。

路线跨越泥石流沟时，首先从流通区或沟床比较稳定、冲淤变化不大的堆积扇顶部用桥跨越。河谷开阔，泥石流沟距大河较远，可采用走堆积扇前缘。

泥石流分布集中、规模较大、频繁，危害严重的地段，进行方案比选，走对岸或绕避。

泥石流流量不大，在堆积扇中以桥隧或过水路面通过。

散流发育并有相当固定的沟槽的宽大堆积扇时，宜按天然沟床分散设桥。

活动阶段的泥石流堆积扇，不宜设路堑。

B．泥石流的防治措施。

水土保持：包括封山育林、植树造林、平整山坡、修筑梯田，以及修筑排水系统和支挡工程等措施。

跨越：桥梁、涵洞、过水路面。

排导：排导沟、急流槽、导流堤。

滞流与拦截：一系列的低矮拦挡坝。

（6）岩溶。

岩溶作用：地表水和地下水对地表及地下可溶性岩体所进行的以化学溶解作用为主、机械侵蚀作用为辅的溶蚀作用、侵蚀-溶蚀作用以及与之相伴生的堆积作用的总称。

岩溶：可溶性岩石受地表水和地下水以化学溶蚀为主，机械侵蚀和崩塌为辅的地质营力的综合作用和由此产生的各种现象的统称，又称喀斯特。

岩石的可溶性：取决于岩石的岩性成分和结构。

岩石的透水性：取决于它的原生孔隙和构造裂隙的发育程度。

水的溶蚀性：取决于水溶液的成分，主要决定于水中侵蚀性 CO_2 的含量。

水的流动性：始终处于欠饱和状态而具有溶解性。

① 岩溶发育地区选线的注意事项：

在可溶性岩石分布区，路线应选择在难溶岩石分布区通过。

路线方向不宜与岩层构造线方向平行，而应与之斜交或垂直通过。

路线应尽量避开河流附近或较大断层破碎带；不可能时，宜垂直或斜交通过，以免由于岩溶发育或岩溶水丰富而威胁路基的稳定。

路线应尽量避开可熔岩与非可熔岩或金属矿床的接触带，因这些地带往往岩溶发育强烈，甚至岩溶泉成群出露。

岩溶发育地区选线，应尽量在土层覆盖较厚的地段通过，因一般覆盖层起到防止岩溶继续发展，增强溶洞顶板厚度和使上部荷载扩散的作用。

桥位宜选在难溶岩层分布区或无深、大、密的溶洞的地段。

隧道位置应避开漏斗、落水洞和大溶洞，并避免和暗河平行。

② 岩溶的工程处理：

A. 疏导：对岩溶水宜疏不宜堵。一般可以明沟、泄水洞等加以疏导。

B. 跨越：以桥涵等建筑物跨越流量较大的溶洞、暗河。

C. 加固：为防止溶洞塌陷和处理由于岩溶水引起的病害，常采用加固的方法。

D. 堵塞：对基本停止发展的干涸溶洞，一般以堵塞为宜。

E. 钻孔充气：为克服真空吸蚀作用所引起的地面塌陷的一种措施。

F. 恢复水位：从根本上消除因地下水位降低造成地面塌陷的一种措施。

7.4.3 地基处理

1. 概述

当天然地基不能满足设计建筑物对地基强度与稳定性和变形的要求时，常采取各种地基加固、补强等类技术措施，改善地基土的工程性状，以满足工程要求。这些措施统称为地基处理。

地基处理的内容与方法来自工程实践，来自各种土类中出现的地基问题。处理内容及方法与各类工程对地基的工程性能要求和地基土层的分布及土类的性质有关，针对工程在实际土类中所出现的地基问题，提出相互适应的地基处理方案。因此在讨论地基处理内容与方法时，应先了解被处理土类的基本性质，以便有的放矢。工程上常需要处理的土类主要有如下几种：淤泥及淤泥质土、粉质黏土、细粉砂土、砂砾石类土、膨胀土、黄土、红黏土以及岩溶等。下面将与地基处理有关的几种土类特性简要阐述如下：

（1）淤泥及淤泥质土。简称为软土，为第四纪后期在滨海、河漫滩、河口、湖沼和冰碛等地质环境下的黏性土沉积大部分是饱和的，含有机质，天然含水量大于液限，孔隙比大于1，抗剪强度低，压缩性高，渗透性小，具有结构性的土。当天然孔隙比 $e \geqslant 1.5$ 时，称为淤泥；$1.5 > e \geqslant 1$ 时，称为淤泥质土。这类土比较软弱，天然地基的承载力较小，易出现地基局部破坏和滑动；在荷载作用下产生较大的沉降和不均匀沉降，以及较大的侧向变形，且沉降与变形持续的时间很长，甚至出现蠕变等。杂填土和冲填土中的部分饱和黏性土，其性质与淤泥质土相似，也归于软土的范畴。杂填土往往不均匀；冲填土则比被冲填原状土差，比较松软。有机质含量超过 25% 的软土称为泥炭质土或泥炭。这种土的强度很低，压缩性甚大，是工程上特别要慎重对待的一种土。

（2）粉细砂、粉土和粉质土。相对而言，它比淤泥质土的强度要大，压缩性较小，可以承受一定的静荷载。但是，在机器振动、波浪和地震等动荷载作用下可能产生液化、震陷，振动速度的增大，使地基失去承载力。所以，这类土的地基处理问题主要是抗震动液化和隔震等。

（3）砂土、砂砾石等。这类土的强度和变形性能是随着其密度的大小变化而变化，一般来说强度较高，压缩性不大，但透水性较大，所以这类土的地基处理问题主要是抗渗、防渗、防止流土和管涌等。

（4）其他类土。黄土具有湿陷性，膨胀土具有胀缩性，红黏土具有特殊的结构性，以及岩溶易出现坍陷等，它们的地基应针对其特殊的性质进行处理。

因此，地基处理主要目的与内容应包括：① 提高地基土的抗剪强度，以满足设计对地基承载力和稳定性的要求；② 改善地基的变形性质，防止建筑物产生过大的沉降和不均匀沉降以及侧向变形等；③ 改善地基的渗透性和渗透稳定，防止渗流过大和渗透破坏等；④ 提高地基土的抗震性能，防止液化，隔振和减小振动波的振幅等；⑤ 消除黄土的湿陷性、膨胀土的胀缩性等。

本书仅讨论一般性的地基处理方法，所处理的土类着重于饱和黏性土、粉质土及部分松砂等土类。这是工程上常见的土类。按照处理方法的作用原理，常用的地基处理方法主要的见表7.9。表中所列的各种处理方法都有各自的作用原理、适用土类和应用条件。特别要注意，同样的一种地基处理技术，在不同土类中的作用原理和作用效果往往存在显著的差别，不可混淆。例如振冲法，在砂土中其主要作用是振动挤密；在饱和黏性土中则为振冲置换组成复合地基，两者的技术要求不同，设计方法也不同。如果把原理搞错了，就可能导致工程事故。

表 7.9 常用的地基处理方法

编号	分类	处理方法	原理及作用	适用范围
1	碾压及夯实	重锤夯实、机械碾压、振动压实、强夯（动力固结）	利用压实原理，通过机械碾压夯击，把表层地基土压实；强夯则利用强大的方击能，在地基中产生强烈的冲击波和动应力，迫使土动力团结密实	适用于碎石土、砂土、粉土、低饱和度的黏性土、杂填土等，对饱和黏性土应慎重采用
2	换土垫层	砂石垫层、素上垫层、灰土垫层、矿渣垫层、加筋土垫层	以砂石、运土、灰土和矿渣等强度较高的材料，置换地基表层软弱土，提高持力层的承载力，扩散应力，减少沉降量	适用于处理地基表层软弱土和暗沟、暗塘等软弱土地基

续表 7.9

编号	分类	处理方法	原理及作用	适用范围
3.	排水固结	天然地基预压、砂井及塑料排水带预压、真空预压、降水预压和强力固结等	在地基中增设竖向排水体，加速地基的固结和强度增长，提高地基的稳定性；加速沉降发展，使基础沉降提前完成	适用于处理饱和软弱黏土层；对于渗透性极低的泥炭土,必须慎重对待
4	振密挤密	振冲挤密、沉桩挤密、灰土挤密、砂桩、石灰桩、爆破技密等	采用一定的技术措施，通过振动或挤密，使土体的孔隙减少，强度提高；必要时在振动挤密的过程中，回填砂、砾石、灰土、素土等，与地基上组成复合地基，从而提高地基的承出力，减少沉降量	适用于处理松砂、粉土、杂砂土及湿陷性黄土、非饱和黏性土等
5	置换及拌入	振冲置换、冲抓置换、深层搅拌、高压喷射注浆、石灰桩等	采用专门的技术措施，以砂、碎石等置换软弱土地基中部分软弱土，或在部分软弱土地基中掺入水泥、石灰或砂浆等形成加固体，与未处理部分上组成复合地基，从而提高地当承载力，减少沉降量	黏性土、冲出土、扭砂、细砂等。振冲置换法限于不排水抗剪强度 $C_u>20$ kPa 的地基土
6	加筋	土工合成材料加地、锚固、树根桩、加筋土	在地基成土体埋设强度放大的土工合成材料、钢片等加筋材料，使地基成土体的承受抗拉力，防止断裂，保持整体性，提高刚度，改变地基土体的应力场和应变场，从而提高地基的承载力，改善变形特性	软弱土地基、填土及陡坡填土、砂土
7	其他	灌浆、冻结、托换技术、纠倾技术	通过将种技术措施处理软弱土地基	根据实际增况确定

2. 垫层法

（1）垫层的作用。

当建筑物基础下持力土层比较软弱，不能满足设计荷载或变形的要求时，常在地基表面铺设一定厚度的垫层，或者把表面部分软弱土层挖去，置换强度较大的砂石素土等处理地基表层，这类方法称为垫层法。垫层的材料一般用强度较高，透水性强的砂、碎石、石渣、矿渣、灰土和素土等。为了增强垫层水平抗拉断裂性能和整体结构性能，通常在垫层内增设水平抗拉材料，如竹片、柳条、筋笆、金属板条和近年来广泛应用的土工格栅（Geogrid）、土工网垫（Geomat）、土工格室（Geocell）及高强度土工编织布、经编复合布等组成加筋土垫层。按其组成材料分为砂垫层、碎石垫层、灰土垫层和加筋土垫层等。按垫层在地基中的主要作用又分为换土垫层、排水垫层和加筋土垫层等。

① 换土垫层。这是指挖去地基表层软土，换填强度较大的砂、碎石、灰土和素土等构成的垫层，一般应用于处理基础尺寸不很大的建筑物软基。其作用为：a. 通过换填后的垫层，有效提高基底持力层的抗剪强度，降低其压缩性，防止局部剪切破坏和挤出变形；b. 通过垫层，扩散基底压力，降低下卧软土层的附加应力；c. 垫层（砂、石）可作为基底下水平排水层，增设排水面，加速浅层地基的固结，提高下卧软土层的强度等。总而言之，换土垫层可

有效提高地基承载力，均化应力分布，调整不均匀沉降，减小部分沉降值。

② 排水垫层。这是指软土地基上堤坝或大面积堆载基底等所铺设的水平排水层，一般采用透水性良好的中粗砂或碎石填筑；必要时，在垫层底和上表面增铺具有反滤性能的无纺土工布、编织布或经编复合土工布，以防止砂石垫层被淤堵和被拉断裂。这种垫层主要应用于处理铁路公路路堤、机场跑道，海堤和土石坝软基以及砂井地基的顶部排水层。由于这类工程的基底面积较大，垫层的厚度相对而言较薄，对于扩散应力的效果甚微，所以它的作用主要是作为水平排水层和下卧软土层的排水通道，加速地基的排水固结，提高浅层地基的抗剪强度，配合砂井，加固深部软土层。再者，垫层的强度和变形模量都比下卧软土层的大，两者相互作用约束软土层的侧向变形，改变其应力场和应变场，提高地基的稳定性，并改善其变形性质。此外，在施工中可作抛石填土的缓冲层，防止局部陷入和侧向挤出破坏。实践证明：这类垫层的排水固结作用和约束地基的侧向变形，可有效提高筑坝（堤）的高度，增强地基的稳定性，防止过大的侧向变形和施工时的局部挤出。

③ 加筋土垫层。这是指由砂、石和素土垫层中增加各种类型加筋材料组成的复合垫层，如加筋土垫层、土工格室垫层和柴排或筋笆加筋垫层等。这类垫层主要应用于处理房屋建筑物软基和路堤、堤坝、油罐等类工程软基。由于这类垫层所用加筋材料的抗拉强度较大、延伸率较小，和砂石组成的加筋垫层，一般不易被拉断裂，整体性较好，具有较大的变形模量和抗弯刚度，类似柔性片筏基础。因此，其作用除了作为持力土层承载较大的基础荷载和扩散基底应力外，还有效约束基底应力，改善地基软土中的应力场和应变场，均化应变，调整不均匀沉降，提高地基的承载力。这些作用，排水垫层和换土垫层也存在，不过加筋垫层更加有效和明显。

应该指出，垫层仅对软土地基作表层处理，不论地基强度的提高、变形性质的改善和应力场应变场的改变等都是在浅层，所以所能承受的建筑物荷载不宜太大。若设计建筑物的荷载较大，则需和其他方法联合处理。

（2）换土垫层的设计。

换土垫层一般应用于处理房屋和水闸基础下的软土地基。设计的基本原则为：既要满足建筑物对地基变形和承载力与稳定性的要求，又要符合技术经济的合理性。因此，设计的内容主要是确定垫层的合理厚度和宽度，并验算地基的承载力与稳定性和沉降，既要求垫层具有足够的宽度和厚度以置换可能被剪切破坏的部分软弱土层，并避免垫层两侧挤出，又要求设计荷载通过垫层扩散至下卧软土层的附加应力，满足软土层承载力与稳定性和沉降的要求。

换土垫层的材料可用砂、砾石、碎石、石屑、粉质土、粉土和灰土等，必要时可加铺土工合成材料或采用加筋土垫层换填。换土垫层必须注意施工质量，应按换填材料的特点，采用相应碾压夯实机械，按施工质量标准碾压夯实。这是不可轻视的问题。此外，在施工垫层时，应采取必要的措施，按规定的顺序施工，挖除软土，回填垫层，切实防止施工对原地基的扰动与破坏，以免影响垫层的效果。

排水垫层和加筋垫层两者，因其作用机理与换土垫层不同，其设计方法和施工技术也相应有所区别。排水垫层的作用主要是排水固结，常和砂井联合使用，所以其设计方法同排水固结法。

3. 水固结法

（1）原理与应用。

排水固结法是软土地基工程实践中，应用排水固结原理发展起来的一种地基处理方法。

人们早已熟知：在软土地基上建筑堤坝，如果采用快速加载填筑，填筑不高，地基就会出现剪切破坏而滑动；如果在同等的条件下，采用缓慢逐渐加载填筑，填筑至上述同等堤高时，却未出现地基破坏的现象，而且还可继续筑高，直至填筑到预期高度。为什么呢?因为慢速加载筑堤，地基土有充裕的时间排水固结，土层的强度逐渐增长，如果加荷速率控制得当，始终保持地基强度的增长大于荷载增大的要求，地基就不会出现剪切破坏。这是我国沿海地区劳动人民运用排水固结原理筑堤的一项成功经验。随着近代工程应用的发展，逐步发展了一系列的排水固结处理软土地基的技术与方法，广泛应用于水利、交通及建筑工程。

排水固结法加固地基的原理可用图 7.21 来说明，该图所示为土试样在固结和抗剪强度试验中，对不同固结状态下，施加荷载压力固结所获得的有效固结压力 σ_c' 与孔隙比 e 及抗剪强度 τ_f 之间的关系曲线，即 $\sigma_c'\text{-}e$ 和 $\sigma_c'\text{-}\tau_f$ 的关系曲线。它们反映土在不同固结状态下加载固结的性状。当土试样在天然状态下施加荷载压力 $\Delta\sigma$ 至完全固结时，曲线从天然状态 a 点（$\sigma_c'=\sigma_0'$，$e=e_0$，$\tau_f=\tau_{f0}$）开始，在 $\Delta\sigma$ 作用下，随时间的发展，土中水的排出，土体固结压密，沿线段 abc 呈曲线发展到达 c 点，有效固结压力逐渐增大至 $\sigma_0'+\Delta\sigma$；孔隙比也逐渐减少至 e_c，减小了 $\Delta e=e_0-e_c$；相应抗剪强度也逐渐增大至 τ_{fc}，则增大了 $\Delta\tau=\tau_{fc}-\tau_{f0}$。

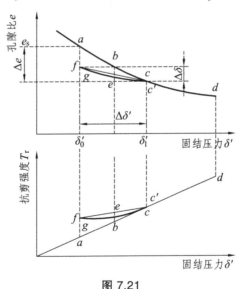

图 7.21

若在完全固结状态的 c 点，卸去全部荷载 $\Delta\sigma$ 后，曲线立即回弹，沿 cef 曲线返回不点，有效固结压力迅即恢复至天然状态 $\sigma_{cf}'=\sigma_0$。由于土样孔隙中水部分被固结排走，孔隙比 e 只能由土骨架回弹至 e_f 同样抗剪强度也只能恢复至 τ_{ff}，不能恢复到天然状态，常把这种称为超固结状态。

当在超固结状态下的土样又再施加荷载压至完全固结时，曲线又从 f 点沿 fgc 再固结压缩至 c' 点，有效固结压力增大至 $\sigma_0'+\Delta\sigma$，孔隙比又再次从 e_f 压密至 e_c，相对减小 $\Delta e=e_f-e_{c'}$ 相应抗剪强度增大至 $\tau_{fc'}$。前后两次加荷至完全固结所到达的 c 点和 c'，是很接近的。由此可见：在正常固结状态的土试样中施加荷载压力固结，其孔隙比将随有效固结压力的增大而降低，抗剪强度随有效固结压力的增大而增大。然而对于卸去荷载压力后的土试样，再施加荷载压力固结，虽然其孔隙比也随有效固结压力增大而降低，抗剪强度也随之增大，但其压缩量或孔隙比的降低却明显减小，即 $\Delta e' \ll \Delta e$。排水固结法就是利用上述排水固结性质来处理软土地基的，主要应用有以下两方面：

① 应用于提高建筑物软土地基的承载力与稳定性，一般是利用堆载或自重荷我作为预压荷载，并在地基中增设竖向排水体（砂井等），通过分级逐渐加载的方法，使地基在前一级荷载作用下排水固结，地基的强度或承载力增长后，再施加下一级荷载，逐步达到满足设计荷载为止。

② 应用于消除或减小建筑基础（底）的沉降，例如减小建筑物基础的沉降或消除高速公路路堤的工后沉降等。可以在拟建建筑物的场地上，先施加预压荷载，使地基土层充分排水固结压密，然后卸去预压荷载，再建造建筑物或铺设路面等。这样经过预压后再加载，建筑物的沉降就明显减小了。

欲要使上述应用取得良好的排水固结效果，它与两个基本条件有关：a. 必要的预压荷载；b. 必要的排水条件和足够的排水固结时间。预压荷载过小，排水固结产生的压缩且和强度的增长量也很小，这就难以满足设计的要求。地基土层的固结度是随距排水边界的距离平方成反比的，土层越厚距离排水边界越大，固结效果越差，或者达到二定固结度所需的时间越长。若地基软土层较厚、距排水边界较远，这就难以在一定的时间内达到设计对地基固结度的要求。因此，排水固结预压法必须设法施加必要的预压荷载和改善地基的排水边界条件。

设置竖向排水体方法，双面排水条件的淤泥质土层，当厚度为 20 m，固结系数 $C_v = 2 \times 10^{-3}$ cm^2/s 时，由一维固结理论得知，预压（一次瞬时施加）达到固结度 80% 时，所需的固结时间约为 10 年；若土层厚度为 15 m，在同样条件下达到同样的固结度，所需的固结时间约为 5 年；若土层厚度为 4 m，则所需的固结时间只要约 4 个月。可见，土层的厚度变小，渗径缩短，就可显著缩短固结的时间；反之，地基固结土层比较厚，渗径较长时，可设法改善排水条件，缩短渗径，加速地基的固结。增设竖向排水体，如砂井，就是缩短渗径的一种有效的技术措施，为此在地基中，按固结所需的渗径距离，均匀布置，利用机械垂直打入一定深度的井孔，内灌以透水性良好的砂，形成排水砂井。砂井的作用就是在地基中增加排水通道，缩短渗径，加速地基的固结、强度的增长和沉降的发展。工程实践证明，利用砂井加固软土地基的效果是显著的。

排水固结预压法主要适用于处理淤泥、淤泥质土及其他饱和软土。对于粉土、砂类土，因透水性良好，无需用此法处理。对于含水平夹砂层的黏性土层，因其具有良好的横向排水性能，所以，不用竖向排水体（砂井）也能获得良好的固结效果。对于泥炭土及透水性很小的流塑状饱和超软弱土，在很小的荷载下就产生较大的剪切蠕变或次固结，而砂井排水仅对主固结有效，所以，对这类土采用排水固结预压法的效果较差。Bjierrum 认为：在荷载作用下，地基土层的主固结沉降占总沉降的 60% 以上，砂井的排水固结才能获得良好的效果；反之，则效果不佳。

在选择时，须事先要求进行工程地质勘探与试验取得必要的地基土层分布与土层的工程性质参数。

③ 竖向排水体的类型的选用。

常用的竖向排水体主要有三种，其特征、性能及质量要求见表 7.10。

表 7.10　竖向排水体的类型、特征及性能的要求

	普通砂井	袋装砂井	塑料排水带
特征	用打桩机沉管成孔，内填冲填砂，密实后形成。圆形、直径 300～400 mm	用土工编织袋，内装砂密实，制成砂袋，用专用机具打入地基中制成，直径 70 mm 或 100 mm	工厂制造，由塑料芯带外包滤膜，制成宽 100 mm 厚 3.5～6.0 mm，用专用机具打入地基中形成
性能	渗透性较强，排水性能良好，井阻和涂抹作用的影响不明显	渗透性与砂料有关，排水性能良好；随打入深度增大，井阻增大，并受涂抹作用影响	渗透性与通水能力的大小与产品的类型有关，一般具有较大的通水能力，排水性能良好；井阻与通水能力和打入深度大小有关，并受涂抹作用的影响
施工技术特点	采用桩基施工，速度较慢，井径大，用料费，工程量大，造价较高	施工机具简单轻便，用料较省，造价低廉，质量易于控制	产品质轻价廉，专用施工机具轻便，速度快，质量易于控制，造价低
质量要求标准	砂料宜采用渗透系数 $k_w > 3 \times 10^{-2}$ cm/s 的中粗砂，含泥量小于 3%	砂料要求与普通砂井相同，外包滤膜要求：绸织布克重 >100 g/m^2；抗拉强度 >2.0 kN/10 cm；渗透系数 $k_s > 10^{-4}$ cm/s；有效孔径 $O_{95} < 0.075$ mm	产品的通水能力 q_w 要求：$q_w > 7.85 F \cdot k_h \cdot H^2$；排水带抗拉强度大于 1.5 kN/10cm；滤膜的渗透系数 $k_s > 10^{-4}$ cm/s 有效孔径 $O_{95} < 0.075$ mm

工程应用证明：三种类型的竖向排水体在工程上都能取得良好的排水固结效果，只是在井阻、涂抹作用对固结度的影响程度、排水体的渗透性能的强弱、施工技术的难易、工程机具及工程造价等方面有所差异。因此，在工程上选用竖向排水体时，应根据工程建筑物的特点及对地基固结的要求、地基土的性质、打入深度、材料来源和施工条件等，通过比较后选用。塑料排水带质轻价廉，具有足够的通水能力，施工简便，工厂制造，质量易于保证，可制成不同通水能力的系列产品供设计应用，一般情况下应优先考虑选用。当工程场地砂料来源比较丰富，透水性良好，造价低廉，打入深度在 15 m 以内时，可考虑采用砂井或袋装砂井。

在应用时还要注意，三种排水体都应满足如下性能的质量要求：井料和排水带芯片应具有足够的通水能力或渗透性，外包滤膜要满足反虑性能，尽量降低井阻的影响，防止滤膜被淤堵。此外，排水带和袋装砂井还需具有一定的抗拉强度，防止被拉断裂。

竖向排水体的打入深度一般按如下原则考虑：当压缩的软土层厚度不大（<10 m）时，打入深度应贯穿该土层；当厚度较大时（>10 m），则按设计建筑物稳定性和变形的要求来确定，对于以稳定性控制的预压工程，打入深度应到达圆弧滑动分析确定的最危险圆弧最大深度下 2 m；对于以变形控制设计的工程，则打入深度应到达地基沉降计算时有效压缩层的深度。

（3）施工与监测简述。

① 竖向排水体的打设工艺与质量要求。

普通砂井、袋装砂井和塑料排水带等三种类型的竖向排水体分别采用各自的专用机具施工。塑料排水带则用专用插带机施工，打设的动力可用振动或液压，导管可用圆形、扁形或菱形，导管的端部装有管靴或夹头，并配置自动记录仪记录打入深度。施工时将排水带置入导管内连接管靴或夹头，通过压入动力将导管压入至预定深度。质量要求：a. 按设计要求，准确定位，控制导管（套管）的垂直度，偏差不应大于 1.5%；b. 排水带的各种性能必须满足设计的要求；c. 在施工中，对于排水带，必须注意排水带在上拔过程中保持平直，以免产生扭结、卷曲、断裂、撕裂和回带等现象。

② 水平排水垫层的施工。

水平排水垫层是地基固结水流排出的主要通道。在施工中必须满足如下质量要求：a. 所用的排水材料必须满足渗透性和反滤性的要求，一般采用级配良好的中粗砂，含泥量不宜超过 5%。若缺乏良好的砂料，可选用砂石混合料或用砂沟代替，但必须在垫层的底面铺无纺土工布作为滤层，以防止淤堵。b. 垫层的厚度必须满足设计要求，同时还要在施工过程中防止由于地基沉降受拉减薄和断裂，适当考虑一定的增厚余量，以防止垫层拉断失效。c. 垫层必须碾压密实，可用加水润湿，振动碾压施工。

③ 施加预压荷载和现场监测。

如何施加预压荷载是排水固结法的一个关键问题。对于堆载预压而言，如果加载的大小或加荷速率控制不当，有可能导致地基产生过大的塑性变形，乃至剪切破坏。因此，在工程实践中，必须予以重视。一般来说，首先通过设计，制订加载预压计划，按设计要求，分级分层逐渐施加，并控制每层土每天不宜超过 $6 \sim 8 \text{ kN/m}^2$。由于设计所用的分析参数是由实验室测定或现场原位试验获得的，往往与工程实际条件的参数有一定的差距，不易按设计的要求达到预期的效果。因此，为了保证预压的顺利实施，除按设计加载计划实施外，还应布置现场监测系统，监视地基在预压过程中应力应变的动态变化，及时发现问题，指导预压顺利实施。

现场监测的内容主要包括：基底沉降与深层沉降、地基土的侧向变形与堤坝（填土）边坡桩的水平位移、地基中的孔隙水压力等，必要时采用十字板仪测定地基土抗剪强度的变化。这些监测项目均有专用的监测仪器、仪表和设备。例如：测定沉降的沉降板、沉降标、深层沉降标、水平管等以及相应测量仪器仪表等；测量侧向变形的测斜仪及相应的测斜管和边坡桩等；测定孔隙水压力的孔隙水压力仪（探头）及测定仪器仪表等。观测点的布置应根据工程的实际情况，按设计的要求，布置在对建筑物及地基变形的稳定性有关的关键部位，并且对地基变形、强度变化反应灵敏的敏度点上，例如矩形基础的中心点下浅部和边缘点下浅部。观测仪器及设备的埋设是不容忽视的一项工作，必须认真、仔细地把已检测好的仪器仪表探头（传感器）埋置于能反映地基真实状态的位置，并加以保护，保证信息畅通。现场观测应制订观测的制度，认真地进行工作，获取可靠的观测结果，尽量采用先进的记录和整理软件，及时整理观测结果，监视地基变形及稳定性的发展，及时作出判断，指导施加预压荷载。

（4）真空预压法与降水预压法简介。

① 真空预压法。

真空预压法是利用大气压力作为预压荷载的一种排水固结法。在拟加固的软土地基场地上，先打设竖向排水体和铺设砂垫层，并在其上覆盖一层不透气的薄膜，四周埋入土中，形成密封。利用埋在垫层内的管道将薄膜与土体间的水抽出，形成真空的负压界面，使地基土体排水固结。在抽气之前，薄膜内外均受一个大气压的作用。抽成真空之后，薄膜内的压力逐渐下降，稳定后的压力为 p_v，薄膜内外形成一压力差 $\Delta p = p_0 - p_v$，称为真空度。此时，地基中形成负的超静孔隙水压力，使土体排水固结在形成真空度的瞬间，设 $t=0$，超静孔隙水压力 $\Delta u = -\Delta p$，有效应力 $\Delta\sigma' = 0$，随着抽气的延续，设 $0 < t < \infty$ 时，地基在负压作用下，超静孔隙水压力逐渐消散，有效应力逐渐增长。最后固结结束（$t \to \infty$）时，$\Delta u = 0$，$\Delta\sigma' = \Delta p$。这是真空预压的过程。由此可见，其固结的过程与加载预压相似，相当于在真空度压力下的固结。因此，真空预压可借用砂井固结理论进行设计，但要注意采用负压固结试验的固结系数。目前我国真空预压技术真空度可达 $600 \sim 700$ mm 汞柱，相当于施加 $80 \sim 90$ kPa 的预压荷载，每一次加固的面积可达 $1\,300$ m^2。它的优点：不需笨重的堆载，不会由于加载使地基失稳，此外还可与堆载预压联合使用。这项技术的关键主要是：所用水泵要求抽水保持均匀和连续不断，并保持稳定的真空度，同时加固土体的边界必须始终保持密封。

② 降水预压法。

在拟加固地基的场地内，设置井点或深井并抽水降低井中水位，使地基土中的水位与井的水位形成压差，产生排水固结。抽水前地基中的总应力和孔隙水压力沿深度的分布，由于降水井中水位降低，土体中的孔隙水向井中流动，并被抽走，随着抽水的延续，土层产生排水固结，土体中的孔隙水压力由 2 线降低至 3 线，有效应力增大了 $\Delta\sigma'$，相应使土体产生压缩与固结和提高地基的强度，从而达到加固地基的目的。降水预压的设计一般是根据抽水井的水力计算，确定井点的布置、降水的深度和抽水管、滤管的长度，借用固结理论确定抽水延续的时间与加固的效果。

（5）深层水泥搅拌法。

利用水泥（或石灰）作为固化剂，通过特制的深层搅拌机械，在一定的深度范围内把地基土和水泥（或其他固化剂）强行搅拌，固化后形成具有水稳定性和足够强度的水泥土，制成桩体、块体和墙体等类加固体，并与地基土共同作用，改善地基变形特性的一种地基处理方法，称为深层水泥搅拌法，简称为 CDM 法。此法现已广泛应用于房屋建筑、油罐、堤坝等工程的软基处理和软土地基中的基坑围护结构以及防渗帷幕等类工程。

深层搅拌法的主要机具为搅拌机，由电动机、搅拌轴、搅拌头等组成，另外配置有机架、吊装、导向、灰浆拌和以及输送系统、计量控制和检查系统等。搅拌头有单头、双头和双向搅拌头等多种。喷射水泥的方法有水泥浆喷射和水泥粉喷射两种，分别称为湿喷和干喷。

日本又发展了交叉喷射复合搅拌法（JACSMAN 工法）。这一项地基加固方法适用于处理淤泥质土、粉质黏土和低强度的黏性土地基。该法具有设备简单、施工方便、造价低廉、无振动、无噪声、无泥浆废水污染等特点。

① 影响水泥土力学性质的因素。

在水泥土的形成过程中，其力学性质与如下影响因素有关：

A. 固化剂和外加剂。水泥土是以水泥为主要固化剂制成的，包括不同标号的普通硅酸盐水泥、矿渣水泥、火山灰水泥以及专用的特种水泥，这是影响水泥土强度特性的主要因素。欲要制成一定强度的水泥土，就要根据地基土的化学成分、矿物成分、粗颗粒的含量，特别是与水泥水化物使 $Ca(OH)_2$ 吸收量的大小等，配置不同品种的水泥和相应的比例。水泥土强度的形成还与其他因素有关。对于不同的地基土类，应按其作用机理，采用不同比例的水泥品种和外加剂，即"合理的配方"才能取得力学强度较好的水泥土。许多工程单位对于不同地基土应采用的"合理配方"进行了研究,并已成为他们的专利。

B. 水泥的掺和量 a_w。单位土体的湿重掺和水泥重量的百分比称为掺和比 a_w ($a_w = a/\rho_t$,a 为水泥的掺合重量,kg/m^3 ;ρ_t 为土的湿密度,kg/m^3)。水泥土的强度一般随水泥掺和比 a_w 增大而增大,工程上常用的掺合比在 $10\% \sim 20\%$;掺合比对地基强度的影响与土的成分有关,黏性土掺合量 $a = 150 \sim 300\ kg/m^3$,砂性土 $a = 150 \sim 350\ kg/m^3$,有机质土 $a = 200 \sim 500\ kg/m^3$,并掺必要的外加剂。

C. 龄期。水泥土的强度随龄期增长而增大,龄期 28 天的强度只达到最大强度的 75%,龄期到达 90 天强度增大才减缓,因此,水泥土以龄期 90 天的强度作为标准强度。

D. 土的含水量。水泥土的强度随地基的含水量增大而降低,含水量太大会影响水泥与土拌和后不硬化。试验结果表明:在同样水泥品种和掺和比的条件下,含水量分别为 157% 和 47%的土,其无侧限抗压强度分别为 260 kPa 和 2 320 kPa。

E. 土质的影响。试验证明:性质不同的淤泥质土或淤泥质粉土拌和水泥后,其抗剪强度除了随土试样的含水量的大小降低而明显增大外,并随试样水泥液相的 $Ca(OH)_2$ 中 OH^- 和 CaO 的吸收量大小增大而增大。

F. 有机质含量和砂粒的含量。当地基土中含有机质时,随着其含量的增大,所制成的水泥土,其强度明显减小,甚至不固化。当地基土中含砂量增大时(增大 $10\% \sim 20\%$),所制成的水泥土强度明显增大。

G. 搅拌的方法与时间。搅拌机的搅拌方法有机械回转搅拌、双向回转搅拌、水力喷射和回转联合搅拌等多种。搅拌机对土粉碎的能力越强或搅拌的时间越长对土的粉碎越充分,水泥与土的混合越均匀,所形成水泥土的强度越大。这些情况往往与搅拌的深度有关,随着搅拌深度的增大,由于机械功率的限制,容易出现搅拌不良的现象。对地基土充分粉碎和搅拌是影响水泥土强度的一个重要因素。

H. 室内试验强度与工程原位搅拌的强度。由于室内试验与工程原位条件的不同,搅拌方法也有所不同,引起水泥土强度的差异。前者称为试验强度,后者称为标准强度,分别记为 q_{u1} 和 q_{ud}。两者有如下关系:

$$q_{ud} = \left(\frac{1}{5} - \frac{1}{2}\right)q_{u1}$$

② 水泥土的物理力学性质。

以水泥系为固化剂用深层搅拌制成的水泥土,其物理力学性质统计的结果如下:

A. 一般掺和量的水泥土约比地基增大 3%。

B. 比重。约比地基土增大 4%。

C. 含水量。随水泥掺和量的增大而降低,降低值为 $15\% \sim 18\%$。

D. 渗透系数。随水泥掺和量的增大而降低,为 $10^{-9} \sim 10^{-8}\ cm/s$。

E. 无侧限抗压强度。它与固化剂和外加剂配方的种类和掺和量的多少有关,一般情况下,$q_u = 1 \sim 5\ MPa$;原地基强度较高的土,$q_u = 5 \sim 9\ MPa$;有机质含量,$q_u = 0.3 \sim 1\ MPa$ 。

F. 抗拉强度。当 $q_u = 1 \sim 2\ MPa$ 时,抗拉强度 $\sigma_t = (0.1 \sim 0.2)q_u$;当 $q_u = 2 \sim 4\ MPa$ 时,$\sigma_t = (0.08 \sim 0.5)q_u$ 。

G. 抗剪强度为 $\tau_{f0} = \left(\dfrac{1}{2} \sim \dfrac{1}{3}\right)q_u$；内摩擦角为 $20° \sim 30°$。

H. 变形模量 E_{50}（指水泥土加固 50 天后的变形模量）。对于淤泥质土 $E_{50} = (120 \sim 150)q_u$；对于含沙量在 $10\% \sim 15\%$ 的黏性土 $E_{50} = (400 \sim 600)q_u$。

I. 柏松比。室内试验的结果 $\mu = 0.3 \sim 0.45$。

J. 压缩系数。$a_{1-4} = (2.0 \sim 3.5) \times 10^{-5}\,\mathrm{kPa}^{-1}$，相应的压缩模量 $E_0 = 60 \sim 100\,\mathrm{MPa}^{-1}$。

K. 压缩屈服压力。这是水泥土压缩性的特征值。在压力较小时，其压缩变形很小；当压力增大至 P_y 时，其压缩急剧增大，类似于天然地基土的压缩，这一转折点的压力 P_y 值称压缩屈服压力。根据大量试验统计，屈服压力 P_y 与水泥土无侧限强度有下式的关系：

$$P_y = 1.27q_u$$

综合上述，从水泥土的形成机理和影响水泥土力学性质因素来看，欲要使水泥搅拌技术取得良好的效果，必须注意如下特点：

a. "合理的配方"和"充分搅拌"是水泥搅拌法的技术关键。

b. 由水泥土与土所组成的复合地基具有特殊的复合特性，在分析、设计时应注意这种特殊性质。

深层水泥搅拌法可以在软土地基中，将搅拌形成的水泥土加固体，按工程的要求制成水泥土桩体、墙体、块体和格室体等。

根据前述水泥土形成的机理、强度特性和搅拌技术的特点与工程应用的要求，深层水泥搅拌法加固地基的设计包括如下内容：根据地基土的性质选择适用的水泥品种、外加剂及其掺和比等，即合理的配方；制订可靠的搅拌工艺及其流程，制成满足工程要求的水泥土加固体，对不同的土类，不同的深度选用合适功率的搅拌机械、搅拌器具和工艺流程以及有关的质量监控系统，以保证制成强度较高且均匀连续的水泥土；根据设计建筑物基础荷载的大小和分布，选择适合的水泥土形式（桩群、墙体、块体和格室体等）及其合理布置，并进行分析计算，检验其加固后地基的变形和承载力与稳定性能否满足设计工程的要求。由于水泥土的强度比较低且不均匀，采用单一桩体，易于逐一被压坏，而形成局部破坏，所以常采用大体积群体布置，利于充分发挥加强体的作用。

（6）高压喷射注浆法。

一般用钻机成孔至预定深度后，再用高压注浆流体发生设备，使水和浆液通过装在钻杆末端的特制喷嘴喷出，以高压脉动的喷射流向土体四周喷射，把一定范围内土的结构破坏，并强制与化学浆液混合，形成注浆体；同时钻杆按一定方向旋转和提升，待浆液凝固后在土中制成具有一定强度和防渗性能的圆柱状、板状、连续墙等的固结体，与周围土体共同作用加固地基。

采用高压喷射注浆技术时，首先要求具备发生高压流体的设备系统（高压>20 MPa），产生较大的平均喷射流速，形成较大的喷射压力；其次是采用多相喷射直径的加固体。目前按工程需要固结体的大小，制成了四种喷管。

① 单喷管。单一水泥浆喷射，所形成固结体的直径为 $0.3 \sim 0.8$ m。

② 二重喷管。浆液和气体同轴喷射，以浆液作为喷射核，外包一层同轴气流形成复合喷射流，其破坏能力和范围显著增大，所形成固结体的直径为 $0.8 \sim 1.2$ m。

③ 三重喷射管。以水和气形成复合同轴喷射流，破坏土体形成中空，然后注浆形成固结体，其直径约为 1~2 m。

④ 多重喷射管。以多管水气同轴喷射把土体冲空，然后以浆管注浆充填，所形成的固结体直径可达 2~4 m。

喷射所形成加固体的形状与钻杆转动的方向有关，一般有如下三种形式：

① 旋转喷射注浆。简称为旋喷法，在旋喷施工时，喷嘴喷射随提升而旋转，所形成的固结体呈圆柱状，常称旋喷桩。也可把圆柱体搭接形成连续墙体或其他形状。

② 定喷注浆。简称定喷，喷射注浆时，喷射方向随提升而不变，所形成的固结体呈壁状体，按喷射孔位排列形成不同形状的连续壁。

③ 摆喷注浆。简称摆喷，喷射注浆时随喷嘴提升按一定角度摆动，所形成固结体的形状呈扇形体。

固结体的强度与渗透性与所用浆液的配方有关。高压喷射的浆液有多种，工程上常用的是水泥系浆液。它的配方与硬化机理和水泥搅拌法类似。

喷射注浆固结体主要的特性见表 7.11。由于旋喷形成加固体的强度受多种因素的影响，强度的大小存在一定的分散性，应用表中强度时，应考虑适当的折减，在黏土中一般为 1~5 MPa，在砂土中为 4~10 MPa。

表 7.11 喷射注浆固结体性质

土类 弹性模量/MPa	砂类土	黏性土	其 他
最大抗压强度/MPa	10~20	5~10	砂砾：
弹性模量/MPa		2~5	最大抗压强度/MPa 8~20
干重度/（kN/m³）	16~20	14~15	渗透系数/（cm/s）
渗透系数/（cm/s）	$10^{-7} \sim 10^{-6}$	$10^{-6} \sim 10^{-5}$	$10^{-7} \sim 10^{-6}$
黏聚力 c/MPa	0.4~0.5	0.7~1.0	黄土：
内摩擦角/（°）	30~40	20~30	最大抗压强度/（MPa）5~10
标准贯入击数 N	30~50	20~30	干重度/（kN/m³）13~15
单桩垂直承载力/kN	500~600（单管）、1000~1200（双管）、2000（三重管）		

① 喷射注浆应用。

该法在工程上的应用主要有两方面：a. 利用加固体形成桩体、块体等与地基土共同作用，提高地基的承载力，改善地基的变形特性；也可用于加固边坡、基坑底部、深部地基，提高基底的强度和边坡的稳定性。b. 利用旋喷、定喷和摆喷在地基土体中形成防渗帷幕，提高地基的抗渗防渗能力和防止渗漏等。前者主要应用于淤泥质土和黄土，后者则应用砂土和砂砾石地基。此外，该法既可应用于拟建建筑物的地基加固，也可用于已建建筑物的地基加固和基础托换。施工时，可在原基础上穿孔加固基础下的软土，避免破损原结构物。

② 高压喷射注浆的施工与质量检验。

A. 施工机具。主要的施工机包括高压发生装置（空气压缩机和高压泵等）、注浆喷射装置（钻机、钻杆、注浆管、泥浆泵、注浆输送管等）等两部分。其中关键的设备是注浆管，由导流器钻杆和喷头所组成，有单管、二重喷管、三重喷管和多重喷管等四种。导流器的作用是将高压水泵、高压水泥浆和空压机送来的水、浆液和气分头送到钻杆内，然后通过喷头实现浆、浆气和浆水汽同轴流喷射，钻杆把这两部连接起来，三者组成注浆系统。喷嘴是由硬质合金并按一定形状制成，使之产生一定结构的高速喷射流，且在喷射过程中不易被磨损。

B. 高压喷射注浆工序施工顺序为喷施注浆分段进行，由下而上，逐渐提升，速度为（0.1~0.25）m/min，转速为 10~20 rpm。当注浆管不能一次提升完毕时，可分数次卸管，卸管后再喷射，但需增加搭接长度不得小于 0.1 m，以保持连续性。如需要加大喷射的范围和提高强度，可采用复喷。如遇到大量冒浆时，则需查明原因，及时采取措施。当喷射注浆完毕后，必须立即把注浆管拔出，防止浆液凝固而影响桩顶的高度。

C. 质量检验。检验的内容主要是抗压强度和渗透性，可通过钻孔取试样到室内试验，或者在现场用标准贯入试验和载荷试验确定其强度和变形性质，用压水试验检验其渗透性。检验的测点应布置在工程关键部位。检测的数量应为总桩数的 2%~5%。检验的时间应在施工完毕四周后进行。

7.4.4　支护工程（本节以一个完整的支护工程为例作为实习参考）

1. 概述

（1）施工范围。

为确保土石方开挖过程中的岩体稳定及人身和设备运行安全，以土石方明挖边坡锚喷支护和灌浆平洞开挖后的围岩施工期的临时支护及喷锚衬砌为例。

（2）支护类型。

① 锚杆（随机锚杆或系统锚杆）；

② 喷射混凝土（包括喷射素混凝土、钢筋网喷射混凝土）；

③ 锚杆和各种喷射混凝土的组合。

（3）支护工程量。

布置了各种规格的锚杆、喷混凝土，具体支护工程量及支护参数。

2. 施工安排原则

边坡喷锚支护随边坡开挖而跟进施工。在边坡开挖工作面提交后，及时进行支护，即开挖一段支护一段，上层的支护要确保下一层的开挖安全顺利进行。若遇到危及边坡稳定地质情况，为确保边坡稳定，及时采取临时支护的措施，保证边坡稳定后再继续进行施工。

在边坡开挖工作面提交后，需要及时进行支护。5 m 以内的锚杆施工采用先注浆后安设锚杆的方法，大于 5 m 的锚杆则采用先插锚杆后注浆的方法施工。

支护工作总体施工程序：坡面清理→搭排架→边坡锚杆→坡面清理、清洗→喷第一层混凝土→喷第二层混凝土→养护。

3. 施工布置

（1）道路布置。

由于山势陡竣、施工道路很难布置，在布置道路时，原则上要考虑能够满足行人和钻机上下行走以及施工材料的运输。支护工程施工道路主要利用相应部位开挖施工所形成的道路作为材料、设备和人员进出场的主要道路。在跟进开挖进行支护的情况下，尽可能利用下部梯段顶面作施工平台，作为临时道路和材料、设备堆放地。同时在必要的情况下，需要另修临时便道和支护施工平台。

（2）风、水、电布置。

① 施工供风。

本工程支护施工需供风设备、风动钻机和混凝土喷射机等设备，边坡采用一台 23 m³/min 移动式空压机，洞内采有电动空压机供风。

② 施工供水。

支护工程施工供水系统可与边坡开挖施工共用。左、右岸施工用水均直接从河道抽取，运输至各临时储水罐，采用水管接引至各施工工作面。

③ 施工供电。

支护工程施工供电系统可与边坡开挖施工共用，施工用电主要为照明用电、喷混凝土机、注浆机及电动空压机等，从现在分别布置在左、右岸的 500 kV 和 630 kV 变压器接线至各工作面用电设备，布线要符合安全及文明施工要求。

（3）拌和设备布置。

锚杆、砂浆采用高速搅拌机拌制，施工时可利用开挖形成的工作面就近布置，将水泥、砂石等材料运输至现场。

4. 施工程序和方法

（1）锚杆施工。

① 锚杆。

A. 注浆锚杆：采用水泥砂浆全长注浆，用于永久性支护的锚杆。

B. 非注浆锚杆：采用楔块或胀壳以及树脂等进行端头锚固，用于临时支护的不注浆锚杆。

② 设计参数。

系统锚杆有两类：均为 ϕ25 mm，Ⅱ级钢，长分别为 4.1 m、4.5 m、8 m、8.1 m，外露分别为 10 cm、20 cm。

③ 材料和生产性试验。

A. 材料。

a. 锚杆：锚杆的材料根据设计图纸选用Ⅱ级高强度螺纹钢筋（合格证齐全且复检合格），所有锚杆加工均在钢筋加工厂加工。

b. 水泥：注浆锚杆和锚筋桩的水泥砂浆采用强度等级为 42.5 的普通硅酸盐水泥。

c. 砂：采用最大粒径小于 2.5 mm 的中粗砂。

d. 水泥砂浆：砂浆标号必须满足施工图纸的要求，强度等级符合规范要求。

e. 外加剂：按施工图纸要求，在注浆锚杆水泥砂浆中添加速凝剂和其他外加剂时，不得含有对锚杆和锚筋桩产生腐蚀作用的成分，并征得监理人的同意。

f. 树脂：用于注浆和非注浆锚杆端头快速锚固的树脂，按施工图纸的要求，选购合格厂家生产的产品。树脂与填料的比例，通过现场试验确定。

g. 快硬水泥卷。用于注浆和非注浆锚杆的快硬水泥卷，应按施工图纸的要求，选购合格厂家生产的产品。

B. 注浆密实度试验。

选取与现场锚杆和锚筋桩的锚杆直径、长度、锚孔孔径和倾斜度相同的锚杆、塑料管，采用与现场注浆相同的材料和配比拌制的砂浆，并按现场施工相同的注浆工艺进行注浆，养护 7d 后剖管检查其密实度。试验计划报送监理审批，通过现场工艺试验得到的参数，编制现场试验报告，报送监理审批，经监理批准后用于指导施工。

④ 施工程序。

锚杆采用先注浆后插锚杆的方式进行施工，其施工程序为：边坡修整、验收→搭设工作平台→测量放孔位→钻机就位→钻孔→清孔→注浆→安装锚杆→待凝→检测。

⑤ 施工方法。

A. 工作面处理。

开挖工作面结束后，立即将坡面危岩或松动岩块、浮渣等覆盖物清理干净，并清除坡脚处的岩渣等堆积物。

B. 搭设排架。

边坡锚杆施工时在现场利用开挖平台或马道搭设临时排架。用钢管脚手架搭设操作平台时，脚手架搭设必须牢固可靠，要适当用插筋与岩石锚杆相连，外侧设安全网，防止坠物下落危及下层作业人员的安全。此施工平台还作为喷混凝土和排水孔作业的施工平台，参见图 7.22。

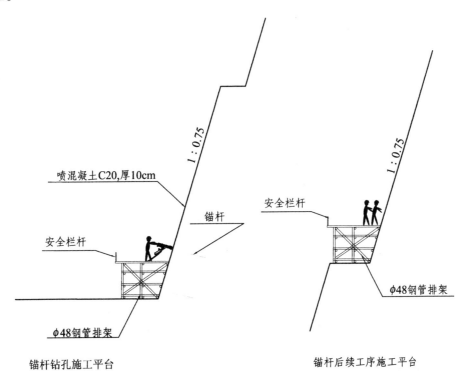

图 7.22　锚杆施工作业平台示意图

C. 钻孔。

根据施工图纸布置的钻孔位置测量放孔位，用红油漆标注孔中心点，孔位偏差小于10 cm。锚杆孔深度必须达到施工图纸的规定，钻孔深度应符合 DL/T5181—2003 中 5.1.2 条第 4 款规定。锚杆孔的孔轴方向应满足施工图纸的要求。施工图纸未作规定时，其系统锚杆的孔轴方向应垂直于开挖面；局部加固锚杆的孔轴方向应与可能滑动面的倾向相反，其与滑动面的交角应大于 45°。

注浆锚杆的钻孔钻头直径大于锚杆直径 15 mm 以上，孔深为 4.5 m 以内的注浆锚杆采用 YT-28 型气腿式手风钻造孔，孔深 8 m 的钻孔采用 MQ-100 型潜孔钻机造孔。

D. 洗孔、验孔。

注浆前将孔内的岩粉、碎石、泥浆和水采用压缩空气冲洗干净，洗孔结束后必须进行验孔，合格后方可进行下道工序。

E. 注浆。

锚杆注浆采用水泥砂浆，用砂浆泵灌注。

砂浆严格按试验确定的配合比进行配料，水泥砂浆配合比，应在以下规定的范围内通过试验选定：

水泥∶砂 1∶1～1∶2（重量比）

水泥∶水 1∶0.38～1∶0.45

利用高速搅拌机现场拌制，随用随拌，一次拌和砂浆均在初凝前用完。将拌制好的砂浆，用砂浆泵注浆，达到设计要求即结束注浆。

先注浆的永久支护锚杆，在钻孔内注浆至要求程度后立即插杆；锚杆注浆后，在砂浆凝固前，不得敲击、碰撞和拉拔锚杆。

F. 锚杆安装。

a. 锚杆在车间进行加工，将锚杆平放在车间工作台上，按设计长度（计入外露长度）进行加工，对每根锚杆进行除污、除锈并安装对中支撑（可用短钢筋每隔 2～3 m 焊一处，确保锚杆插入孔中能够居中），在插杆前进行验收。施工时运至现场使用。

b. 胀壳式锚杆安装前，应将锚杆的各项组件临时加以固定，组装后应保证楔子在胀壳内顺利滑行。锚杆送入孔内至要求的深度后，应立即拧紧杆体。

楔缝式锚杆安装前，应将楔子和杆体组装后送到孔底，楔子不得偏斜，送入后应立即上好托板，拧紧螺帽。

c. 倒楔式锚杆安装前，楔形块体应错开 1/3 长度捆紧，防止安装时脱落，安装时必须打紧锚块，安装后应立即上好托板，拧紧螺帽。

d. 树脂卷端头锚固的锚杆采用施工图纸规定的树脂卷，树脂卷存放在阴凉、干燥和温度在 +5°～ +25°之间的防火仓库内，过期和变质的树脂卷不得使用。锚杆安装前，应先用杆体量测孔深，并作上标记，然后用锚杆杆体将树脂卷送至孔底。搅拌树脂时，应缓慢推进锚杆杆体，并按厂家产品说明书规定的搅拌时间进行连续搅拌。树脂搅拌完毕后，立即在孔口处将锚杆临时固定，搅拌完毕至少 15 min 后安装好托板。

e. 先注浆的永久支护锚杆，在插杆后立即在孔口处将锚杆临时固定。

f. 后注浆永久支护锚杆，锚杆与进浆管同时插入孔内，然后插入回浆管，回浆管插入孔内 50 cm，环间隔隙用棉纱裹紧后再用水泥砂浆封孔，待凝后用砂浆泵从进浆管灌注，待回浆管出浆比重达到进浆比重后，将进回浆管扎紧即可。

⑥ 质量检验。

A. 锚杆材质检验：每批锚杆和锚筋桩材料均应附有生产厂的质量证明书，并按施工图纸规定的材质标准以及监理指示的抽检数量检验锚杆性能。

B. 按监理指示的抽验范围和数量，对锚杆和锚筋桩孔的钻孔规格（孔径、深度和倾斜度）进行抽查并做好记录。

C. 拉拔力试验：按作业分区在每 200 根（含总数少于 200 根）锚杆中抽查 3 根进行拉拔力试验。在砂浆锚杆养护 28d 后，安装张拉设备进行抗拔试验，锚杆抗拔力检查方法按 DL/T5181—2003 附录 D 进行。

（2）喷射混凝土施工。

① 设计参数。

喷混凝土为 C20 混凝土，喷混凝土厚度为 10cm，均采用干喷法施工。

② 材料要求。

水泥：选用符合国家标准的硅酸盐水泥，水泥强度等级 42.5。进场水泥要有生产厂家的质量证明书。

集料：细集料采用坚硬耐久的粗、中砂，细度模数宜大于 2.5，使用时的含水率控制在 5% ~ 7%；粗集料采用坚硬耐久的卵石或碎石，粒径不大于 15 mm；喷射混凝土中不使用含有活性二氧化硅的集料，喷射混凝土的集料级配，满足表 7.12 的规定。

表 7.12 喷射混凝土用集料级配

项目	通过各种筛径的累计重量百分比/%							
	0.15 mm	0.30 mm	0.6 mm	1.2 mm	2.5 mm	5 mm	10 mm	15 mm
优	5 ~ 7	10 ~ 15	17 ~ 22	23 ~ 31	34 ~ 43	50 ~ 60	78 ~ 82	100
良	4 ~ 8	5 ~ 22	13 ~ 31	18 ~ 41	26 ~ 54	40 ~ 70	62 ~ 90	100

水：符合混凝土拌和用水标准。

外加剂：速凝剂的质量符合施工图纸要求并有生产厂的质量证明书，初凝时间不大于 5 min，终凝时间不大于 10 min。选用外加剂时，需现场试验并经监理批准。

③ 材料检验及生产试验。

A. 施工前对喷射混凝土施工所需的水泥、砂、卵石、钢筋（丝）按规定进行检验，各项指标达到规范要求方可使用，不合格材料不得用于施工。

B. 喷射混凝土配合比试验：喷射混凝土配合比在施工前通过室内试验和现场试验选定，并符合施工图纸要求，在保证喷层性能的前提下，尽量减少水泥和水的用量。速凝剂的掺量通过现场试验确定，喷射混凝土的初凝和终凝时间，要满足施工和现场喷射工艺的要求，喷射混凝土的强度要符合施工图纸的要求，配合比试验成果报送监理审批。

C. 现场喷射试验：喷射混凝土前，按照有关规范要求，为每种拟用的外加剂进行至少 3 次试块试验板喷射试验，通过试验板测定的喷射混凝土工艺质量和抗压强度达到要求，且报送监理批准后才能进行喷混凝土施工。

正式喷射混凝土前，按监理工程师的要求进行现场生产性喷射混凝土试验，试验成果报送监理批准后方可进行大面积喷射混凝土作业。

④ 施工程序。

挂网喷射混凝土采用干喷法施工，其施工程序见图 7.23。

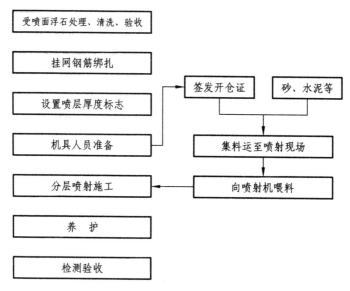

图 7.23 喷射混凝土施工程序

⑤ 施工方法。

A. 工作面清理。

对喷射面进行检查，清除开挖面的浮石、石渣和堆积物，可使用压力水（风）冲洗岩层表面，将岩面上松散岩块及油污脏物清洗干净，然后排干表面积水，疏排裂隙渗漏或外来水。对遇水易潮解泥化的岩层，采用高压风清扫岩面；对于有渗水的部位，预先埋设小导管或设盲沟将渗水进行疏导；对淋水部位可设截水圈排水。

B. 标桩。

为确保喷混凝土的厚度达到设计要求，施工前在岩面设置标记，用以控制喷混凝土厚度，可在岩面上按一定间距埋设钢筋头作为标记（第一层喷混凝土时，可在锚杆上作好第一层厚度的标记）。

C. 混凝土配制。

a. 配料。

按照试验确定的配合比进行配料，其配料称量偏差要符合下列规定：

水泥和速凝剂：±2%

砂、石：±3%

b. 拌和。

混凝土系统采用 ZMC350 型拌和机拌制，搅拌时间不得少于 1 min，掺有外加剂时适当延长时间。

D. 喷混凝土。

喷混凝土前对机械设备以及风、水管路等进行全面检查和试运行，配足砂、石、水泥等材料，确保喷射作业连续不间断，保持工作风压稳定。采用 TK-961 型混凝土喷射机喷混凝土，湿喷法施工。喷射作业分段分片依次进行，区段间的结合部和结构的接缝要进行妥善处理，不得存在漏喷部位。在喷射过程中，人工手持喷枪进行作业。喷射混凝土时，喷嘴保持与岩石面距离为 0.6～1 m，喷射方向大致垂直于岩面，喷射过程中按自下而上、先凹后凸的顺序进行，第一层喷射厚度控制在 3～4 cm，混凝土须随拌随用，所拌和的混凝土在其初凝前喷射完毕。因故中断作业时，要将喷射机和输料管内的积料清除干净。喷第二层混凝土要在第一层喷混凝土终凝后进行，施工前先用风水清洗喷混凝土面，施工方法同第一层。喷射工作面要紧跟开挖工作面，混凝土终凝至下一循环放炮时间不少于 3 h。喷混凝土结束后，清除黏附在喷混凝土表面的喷注溅落物。

E. 养护。

喷射混凝土终凝 2 h 后，喷水养护，养护时间不得小于 7d；在气温低于 + 5 ℃ 时，不得喷水养护。

5. 进度计划

（1）施工进度安排。

支护工程根据边坡开挖提供工作面情况安排施工，支护施工时间为 20××年 7 月 25 日至 20××年 9 月 25 日。

（2）施工强度。

① 本标段两类系统锚杆共 2 247 根，其中 4.5 m 以下锚杆共 1 845 根，钻孔量 8 070 m，高峰施工强度 38.3 m/d；4.5 m 以上锚杆 402 根，钻孔量 3 138.8 m，高峰施工强度 137 m/d。

② 喷混凝土与锚杆施工同步完成，共 1 843 m³，高峰强度 30 m³/d。

6. 施工机械设备及人员配置计划

（1）施工机械设备配置计划。

根据施工进度计划，支护工程的施工设备和人员配备按照满足施工高峰强度的要求进行配置，并考虑备用系数而略有富余。

A. 锚杆钻孔设备。

$L = 8.0$ m、8.1 m 的锚杆钻孔采用 YQ-100B 型钻机钻孔，按高峰强度 38.3 m/d、20 h/d 作业配制 YQ-100B 型钻机钻设备（效率按 3～5 m/h 计）1 台套，相应配 1 台 23 m³/min 移动式空压机供风。

$L = 4.1$ m、4.5 m 的锚杆钻孔采用 Y-28 型气腿式手风钻钻孔，按高峰强度 137 m/d、20 h/d 作业配制手风钻（效率按 2.5～4 m/h 计）3 台，相应配 1 台 23 m³/min 移动式空压机供风。

B. 喷混凝土主要设备。

喷混凝土施工按高峰强度 30 m³/d，二班制作业配 TK-961 型混凝土喷射机 1 台（效率按 4 m³/h 计），相应配 1 台 23 m³/min 移动式空压机供风。

C. 制浆设备：200L 型砂浆搅拌机。

D. 灌浆设备：BW250 型砂浆泵。

本标段支护工程施工的主要机械设备配置计划见表 7.13。

表 7.13   主要施工机械设备配置计划

设备名称	规格型号	单位	数量	功率	进场时间	备注
潜孔钻	YQ-100B	台	3		2009 年 7 月	
手风钻	Y-18	台	20		2009 年 7 月	
砂浆搅拌机	200L	台	1	11 kW	2009 年 7 月	
砂浆泵	150/50 型	台	1	7.5 kW	2009 年 7 月	
中压注浆泵	BW250	台	1	14 kW	2009 年 7 月	
混凝土喷射机	TK961	台	1	5.5 kW	2009 年 7 月	
移动空压机	23m³/min	台	2		2009 年 7 月	高风压、中风压
运输车辆	20t	台	2		2009 年 7 月	

（2）施工人员配置计划。

劳动力配置计划见表 7.14。

表 7.14   锚喷支护施工劳动力配备计划

时间 \ 类别	风钻工	注浆工	喷混凝土工	压风工	钢筋工	架子工	驾驶员	普工	合计
2009 年 7 月~9 月	36	4	4	6	8	12	4	36	110

7. 质量控制措施

（1）锚杆施工质量控制。

① 原材料控制。

A. 用于锚杆施工的原材料如钢筋、水泥、砂等，采购规格、品种、型号（标号）应符合设计要求，质量证明书或检验报告齐全，严格把好原材料入库质量关，并按要求对钢筋、水泥、砂进行复检。

B. 注浆锚杆所用的水泥采用强度等级为 42.5 的普通硅酸盐水泥，砂的最大粒径小于2.5 mm，拌制砂浆用水进行定期化验，并符合拌制砂浆水质要求，锚杆按施工图纸要求选用Ⅱ级普通螺纹钢筋。

② 施工过程质量控制。

A. 砂浆及混凝土配比必须通过试验并报监理工程师批准。砂浆及混凝土标号必须满足设计要求，按规范要求，提供足够的试模，定期提供砂浆及混凝土强度报告。

B. 制作砂浆的砂使用前必须过筛，以满足粒径不大于 2.5 mm 的要求。

C. 配制砂浆严格按配比配制，不得随意改变配比，计量误差在允许范围内。在注浆锚杆水泥砂浆中添加的速凝剂和其他外加剂，其品质不得含有对锚杆产生腐蚀作用的成分。

D. 钻孔的开孔偏差应小于 10 cm，孔深符合 DL/T5181—2003 中 5.1.2 条第 4 款规定。钻孔完成后应将孔内岩粉用风吹洗干净。

E. 施工中对其孔位、孔向、孔径、孔深、洗孔质量，以及浆液性能、灌注过程、砂浆配比、灌注压力、灌入密实度等分项进行检查。

F. 锚杆灌浆应饱满，施工完成后要对锚杆加以保护，在砂浆凝固前不得在锚杆上敲击、碰撞、拉拔和悬挂重物，设专人进行看管。

（2）喷混凝土施工质量控制。

① 原材料质量控制。

A. 用于喷混凝土的原材料如水泥、集料等，采购规格、品种、型号（标号）应符合设计要求。按要求对水泥、集料进行复检。

B. 拌制混凝土用水进行定期化验，并符合拌制混凝土水质要求。

C. 拌制混凝土的细集料应采用坚硬耐久的粗、中砂，细度模数宜大于 2.5，使用时的含水率控制在 5%～7%；粗集料应采用耐久的卵石或碎石，粒径不大于 15 mm；喷射混凝土中不得使用含有活性二氧化硅的集料。

② 施工过程质量控制。

A. 混凝土配比必须通过试验并报监理工程师批准。混凝土严格按配比配制，不得随意改变配比，计量要准确，误差在允许范围内，混凝土拌和时间不得小于 1 min。混凝土标号必须满足设计要求，按规范要求，提供足够的试模，定期提供砂浆及混凝土强度报告。

B. 对岩面清洗，做好喷射面截排水工作，埋设控制喷射厚度的标志。

C. 喷射混凝土作业采取分段分片进行，喷射顺序自下而上，分层厚度满足规范的规定，后一层应在前一层混凝土终凝后进行，混凝土喷射要均匀，防止漏喷，若终凝 1 h 后再行喷射，应先用风水清洗喷层面；喷射作业应紧跟开挖工作面，混凝土终凝至下一循环放炮时间不少于 3 h。

D. 喷完混凝土终凝 2 h 后，及时清理并喷水养护，养护时间一般不少于 7 昼夜；气温低于 5 ℃时，不得喷水养护。

E. 冬季施工：喷射作业区的气温不应低于 5 ℃；混合料进入喷射机的温度不应低于 5 ℃。

F. 所有的质量检验都必须做好原始记录，都必须经检验合格后进行下一道工序。

（3）质量检验。

① 施工中应对其孔位、孔斜、孔向、孔径、孔深、洗孔质量，浆液性能、灌注过程、砂浆配比、灌注压力、灌入密实度等分项进行检查。

② 注浆锚杆除检查上述内容外，还要进行内锚段固长度、灌注质量等检查。

③ 喷混凝土施工时对岩面清洗、高程特别是喷混凝土厚度进行检查。

④ 喷射混凝土与岩石间的黏结力以及喷层之间的黏结力，按监理的指示钻孔取芯作抗拉强度试验，钻孔用干硬性水泥砂浆回填。

⑤ 经检查发现喷射混凝土中的鼓皮、剥落、强度偏低或有其他缺陷的部位，需及时予以清理和修补。

⑥ 喷层表面起伏差不大于 15 cm。

⑦ 所有的质量检验都必须做好原始记录，都必须检验合格后方可进行下道工序的施工。

8. 安全防护保证措施

边坡锚杆大多是在高排架上施工，安全工作尤为重要，其安全措施如下：

（1）施工排架搭设前，技术人员要进行设计并进行安全验算。

（2）现场搭设排架，必须严格按照设计图进行施工。

（3）施工排架与岩面采取预埋锚杆连接，排架操作平台应满铺跳板，跳板接头搭接牢固，施工平台边缘设置防护栏和安全网，防止坠物下落危及下层作业人员的安全。

（4）施工排架搭设结束须经验收合格后方可投入使用。

（5）在施工期间，设置专职安全员，对施工现场进行巡视，设置安全警示标牌。

（6）加强对施工人员的安全培训教育，提高安全防范意识和水平。操作人员必须戴安全帽、系安全带，并由有施工经验丰富的安全人员随时检查，保证安全生产。

（7）边坡支护施工尽可能与开挖作业在同一台阶工作面上平行施工；若系高空交叉作业，须注意施工的相互干扰和施工安全，上下作业时要错位，不能同在一个竖直面上作业。所使用的材料、器具等不能随意甩放，避免滚落至下层危及施工人员的安全。

9. 环保措施

（1）混凝土、砂浆拌和以及钻孔灌浆过程中排放的污水、废浆集中引到集水坑作沉渣处理后排出。

（2）各作业面的废料、废渣、丢弃的岩芯、工作平台，及时拆除和清理并运至监理工程师指定的地点，做到工完料清、文明施工。

（3）各项工程作业中埋入的钢筋、钢管及其他辅助设施，均拆除或切割与建筑物表面或地面齐平。

第 8 章　生产实习的基本要求

8.1　生产实习日记、生产实习报告的撰写指导和生产实习成绩

8.1.1　生产实习日记

要求学生在生产实习期间每天记日记，反映当天在施工中所采用的一些施工方法、施工技术或是针对施工中所出现的一些问题谈自己的见解。要求内容充实、不空洞，对所见所闻及时整理记录，培养学生做好施工日志的习惯。

学生必须逐日记好日记，日记内容要求如下：

（1）记载当天实习所完成的工作内容、工作成果，总结出工作方法、工作步骤。

（2）记载尚待解决的工作问题，以及解决问题的设想、建议。

（3）记载实习报告所需的资料。

（4）每天的日记内容不得少于 300 字。

8.1.2　生产实习报告

实习结束后，结合自己的实习地点、具体的工程提交一份详细的实习报告，反映自己在这段时间内的主要工作内容，在业务上、思想上有什么收获和体会，以及在实习过程中有什么不足之处需要弥补。

生产实习报告要求如下：

（1）生产实习总结不得少于 5 000 字，必须用计算机打印，A4 纸。

（2）生产实习总结中，插图不得少于 5 幅。

8.1.3　生产实习成绩

生产实习成绩按生产实习表现、生产实习日记和生产实习总结三个方面综合评定。

生产实习表现：生产实习日记：生产实习总结 = 3：3：4

特别说明：

（1）如果实习无故旷课 3 次，成绩按不及格处理。迟到、早退 2 次折算为 1 次旷课。

（2）参加自联生产实习小队（B 队）的学生需提供生产实习综合表现证明。

附自主联系生产实习学生综合表现证明表样。

自主联系生产实习学生综合表现证明

学生姓名		性别	
学生学号		籍贯	
家长姓名		联系电话	
实习单位		工地名称	
工程负责人		联系电话	
指导导师		导师级别	
结构类型		工程规模	
实习工种		参与程度	

生产实习综合表现评语：

实习导师：（签字）

工程负责人（签字）

日　　期：

注：① 生产实习综合表现评语由自主联系生产实习的学生所在实习工地的指导导师填写，并加盖实习单位公章。

② 生产实习综合表现需学生家长签字、盖章后方才有效

8.2 实习纪律要求与注意事项

（1）遵守学校的各项规章制度和现场施工纪律与安全技术管理规定，按时上下班，保证出勤率，不得迟到、早退与旷课。实习期间一般不准请假，如有特殊情况者，应向实习领导小组请假。

（2）切实注意安全第一，在保证安全与质量的前提下，完成实习单位（指导教师、技术人员）布置的任务。

（3）学生每天必须写实习日记。学生在写好日记的基础上，在实习后期对实习进行全面总结，写实习报告并交实习指导教师。

（4）实习期间严禁串点，一经发现按旷课处理；造成事故，从严处理。实习期间，学生不得在工地打扑克、下棋等。

（5）爱护公物。实习学生使用的仪器要妥善保管，严格执行借还的规定。

（6）要尊重领导，团结同志，努力工作，刻苦学习，维护校誉。

（7）注意路途交通安全，遵守社会公德。

（8）在实习现场，严禁看书、打闹。进入现场必须戴安全帽。

（9）高空作业或有高空作业现场时，注意上下配合，防止高空坠落。机电设备应专业操作，非机电人员不准动用机电设备。

（10）实习期间，学生着装应符合规定要求。进入实习工地时，必须戴安全帽，男女生不准穿拖鞋、凉鞋，女生不准穿高跟鞋、裙子。

（11）在实习期间，应注意文明礼貌，有损学院和专业的话不说，有损学院和专业的不做；不许打架斗殴；遇事克制、冷静。不得有讥讽、嘲笑工人师傅；更不得侮辱、谩骂工人师傅。

（12）遵守现场工地的一切规章制度，特别是安全制度。

（13）服从指挥，注意保护建筑成品、半成品。

（14）实习期间，学生应服从组长的安排，不得与组长和安全员发生争执。

（15）学生应在指导教师或工程技术人员的指导下进行操作，不得私自进行操作。

（16）学生应在指定的场所活动，不得私自脱离工作岗位单独活动。

（17）在工作中，学生应积极主动，不得偷懒耍滑。

（18）实习期间，无论发生什么问题或事故，都必须及时报告指导教师或代班师傅，不得自行处理。

（19）实习期间，学生不得酗酒闹事，不得吵嘴。

（20）实习期间，学生应注意保护自己的劳动工具、生活用品等。

（21）学习期间，学生还应注意做好防火、防毒等工作。

（22）学生期间，一般不得请假，如遇特殊情况，必须履行请假手续，待批准后方可离开实习工地。

（23）学生在实习期间，若有严重违犯组织纪律的行为，实习队可以按建筑工程学院的授权，根据情节轻重给予相应的处分。

8.3　预防高空坠落事故及对策

预防高空坠落事故及对策如表8.1所示。

表8.1　预防高空坠落事故及对策

序号	事故类型	主要原因	对　策
一	从洞口坠落	洞口操作不慎，身体失稳； 走动时候落入洞口； 坐躺在洞口边缘休息； 在洞口旁嬉戏打闹； 洞口没有防护设施； 安全防护设施不牢或损坏未及时检查； 没有醒目警标	1. 在洞口操作要小心，不应背朝洞口； 2. 不要在洞口嬉闹或跨越洞口盖板上行走； 3. 预留洞口、通道口、楼梯口、电梯井口、接料平台、阳台口等都必须设有牢固、有效的安全防护设施工厂盖板、围栏、安全网； 4. 洞口安全防护设施如有损坏，必须及时修缮；

续表 8.1

序号	事故类型	主 要 原 因	对 策
一	从洞口坠落		5. 洞口安全防护设施、警标严禁擅自移位、拆除； 6. 洞口必须挂设醒目标志示警
二	从脚手架上坠落	脚踩空头脚手板； 走动时踩空、绊、滑、跳跃； 操作时弯腰转身不慎碰杆件等身体失稳； 坐在栏杆或躺在脚手架上休息嬉闹； 站在栏杆上操作； 脚手板没有满铺，铺不平稳； 没有扎设防护栏杆或已损坏； 操作层下没有铺设安全防护层； 脚手架离墙面间距超过 20 cm，没有防护措施； 手架超载损断； 在脚手板上再用砖等垫高或搁脚手板操作	1. 实行脚手架搭设验收和安全检查制度； 2. 对职工进行脚手架上安全操作和纪律教育； 3. 脚手板要铺平稳，不得有空头脚手板； 4. 要扎设牢固的防护杆。从第五架起，要加设竹笆围栏或挂安全网； 5. 从第二层起，每隔一架应铺设安全防护层； 6. 脚手架不得超过 270 kg/m²，堆砖单行，侧放不超过 3 层； 7. 脚手架离墙而间距大于 20 cm 时，至少每隔一架要铺设防护层
三	悬空高处作业坠落	立足面狭小，作业用力过猛，身体失稳； 脚底打滑或不慎踩空； 随重物坠落； 身体不舒服行动失稳； 没有系安全带或没有正确使用或在走动时取下； 安全带挂钩地方错误	加强施工计划和各施工单位、各工种配合，尽量利用脚手架等安全设施，避免或减少悬空高处作业； 操作人员要加倍小心，避免用力过猛，身体失稳； 悬空高处作业人员必须穿软底防滑鞋； 身体有病或疲劳过度、精神不振等，不宜从事悬空高处作业； 悬空高处作业人员要正确使用安全带
四	踩破石棉瓦线瓦等轻型屋面坠落	没有使用板梯； 作业人员未系安全带； 作业人员操作或移动时不慎踩破石棉瓦或其他轻型屋面	使用板梯； 操作谨慎，移动小心，不得直接踏踩石棉或其他轻型屋面； 作业人员要系安全带； 在轻型材料屋面下面（两屋架下弦间）张设安全网作为第二防护
五	拆除工作中坠落	1. 站在不稳固部件上从事拆除工作； 2. 拆除脚手架、井架、龙门架等时没有系安全带； 3. 拆除井架、龙门架时没有先拴好临时钢丝绳； 4. 人随重物坠落； 5. 操作者用力过猛，身体失稳； 6. 楼板、脚手架上堆放拆除下来的材料超载，造成压断楼板等坍塌	1. 从事拆除工作人员应站在稳固部位或搁设脚手板； 2. 拆除脚手架、井架时，操作者应系挂安全带； 3. 拆除井架、龙门架时应拴好临时钢丝缆风绳； 4. 从事拆除工作人员必须严格执行操作规程，操作避免用力过猛，身体失稳； 5. 楼板、脚手架上不要堆放大量拆除下来的材料，避免超载

续表 8.1

序号	事故类型	主 要 原 因	对　　策
六	登高过程中坠落	没有安全登高设施； 登高设施不良，乘人电梯安全保险装置不齐全； 翻爬脚步手架、井架、龙门架或乘非人的垂直运输设备上下	高空作业一定要有安全登高设施并布置合理； 乘人电梯安全保险装置一定要齐全有效； 严禁翻爬脚手架、井字架、龙门或乘非乘人设备上下
七	从层面沿口坠落	1. 屋面坡度大于 25°，无防滑措施； 2. 在屋面上从事沿口作业不慎，身体失稳； 3. 沿口构件不牢或被遗体断，人随着坠落	1. 在屋面上作业的人员应穿软底滑鞋； 2. 屋面坡度大于 25° 时，应采取防滑措施（如使用防滑板梯）； 3. 在屋面上作业时不能背向沿口移动； 4. 使用外脚手架施工时，外排立杆要高出沿口 1～1.5 m，并扎设竹笆板围栏或挂安立网，每层要满铺脚手架工程施工，在层沿下张设安全网
八	楼子上作业坠落	1. 使用坏梯子或梯子超载断裂； 2. 梯脚无防滑措施，梯子垫高使用； 3. 梯子没有靠或斜度大； 4. 人字梯两片间没有用绳（链）拉牢； 5. 在梯子上作业方法不当； 6. 人在梯上时移动梯子	1. 使用梯子前应进行安全检查； 2. 不得两人在同一梯子上作业和悬挂重物； 3. 人在梯子上时不得移动梯子； 4. 在梯子上作业不宜双脚平立在同一梯档上应有一脚钩住梯档； 5. 梯脚要有防滑措施； 6. 人字梯两边下端应用绳（铅丝或链）拉牢； 7. 梯子不得垫高使用； 8. 梯要靠稳，与地面夹角不得大于 60°～70°，上端尽可能与牢固构件或设专人扶住梯子
九	天花板上检修坠落	光线暗，操作时没有铺脚手板或沿屋架下弦走动时不慎踩空	电工等在天花板上进行检修工作时应有足够照明，操作时宜铺脚手板，挂安全带

8.4 实习思考题

8.4.1 木工

1. 模板有哪些种类？各有什么优越性？

2. 模板配制和安装有哪些基本要求？

3. 简述现浇基础、柱、梁、板、门窗过梁、雨篷、楼梯等构件的规范施工工艺。

4. 试分析模板各部分的受力情况。

5. 现浇结构模板制作和安装时的允许偏差是多少？

6. 了解本地区使用的钢模板的规格、构造及连接方法。

7. 预制构件的模板有哪些类型？预制构件生产有哪几种方式？

8. 预制构件模板制作和安装时的允许偏差是多少？

9. 木门窗制作和安装的质量要求有哪些？木门窗五金种类有哪些？各适用于哪些范围？

10. 试说明钢门窗及其五金配件的安装方法。

11. 模板常用隔离剂有哪几种？

12. 简述现浇梁、柱、板、基础的拆模顺序。

8.4.2　钢筋工

1. 熟悉钢筋的种类及外形特征。

2. 了解钢筋对焊、电弧焊、点焊的加工机械及工艺过程。

3. 钢筋冷加有几种形式？了解其加工过程。

4. 了解基础、柱、梁、板、雨篷等主要构件钢筋骨架成型的过程，以及成型中的注意事项。

5. 受力钢盘的搭接长度及绑扎点位置在规范上有何要求？

6. 何谓钢筋保护层？梁、板、柱的保护层各为多少？

7. 试根据现场施工图纸，作出一根梁的钢筋配单。

8.4.3　混凝土工

1. 了解混凝土搅拌站的平面布置。在混凝土浇灌过程中，前台、后台各有哪些职责？

2. 了解振捣器的种类、构造及用途。

3. 如何由设计配合比变为施工配合比？在工地上是如何实施的？

4. 什么叫施工缝？梁、板、柱的施工缝应留在什么位置？施工缝应如何处理？

5. 工地上混凝土构件是如何进行养护的？

6. 混凝土构件表面容易出现哪些缺陷？如何进行修补？

7. 在混凝土浇筑前应对模板工程、钢筋工程做哪些必要的检查？如何填写自检记录？

8. 在现浇混凝土框架和现浇楼盖的施工中，混凝土的垂直运输及水平运输是如何解决的？小车行走路线怎样更合理？试举现场的一例加以说明。

9. 了解现浇钢筋混凝土框架、钢筋混凝土楼梯、钢筋混凝土圈梁、钢筋混凝土雨篷、混凝土地评的浇筑和振捣方法。

8.4.4 砖瓦工

1. 砖砌体常用的组砌形式有哪几种？各有什么优越性？

2. 本地区常见的砌筑方法有几种？各有什么优越性？

3. 墙体砌筑应把好几道关？

4. 墙体不能同时砌筑时为什么要留搓？接柱的形式有几种？常见的为哪一种？如何留搓才能保证质量？

5. 砌筑工程常用脚步手架有哪几种形式？弄清其构造特点。

6. 砖混结构在施工时，水平运输和垂直运输是如何解决的？请结合工地一实例说明所采用的运输方式及优缺点。

7. 砖砌体的总的质量要求是什么？砖砌体的允许偏差是多少？检查质量的方法是什么？

8. 砖混结构在施工时，如何组织流水作业？举一例说明。

9. 简述皮数杆的构造、安装位置及使用方法？

参考文献

[1] 丁克胜. 土木工程施工[M]. 武汉：华中科技大学出版社，2009.

[2] 朱志澄. 构造地质学[M]. 武汉：中国地质大学出版社，2004.

[3] 王启亮，王延恩. 地基与基础[M]. 郑州：黄河水利出版社，2011.

[4] 吕红，牟晓岩. 道路工程施工[M]. 北京：高等教育出版社，2008.

[5] 刘世忠. 桥梁施工[M]. 北京：中国铁道出版社，2010.